国家出版基金资助项目
现代数学中的著名定理纵横谈丛书
丛书主编　王梓坤

THE POSITIVE SEMI-DEFINITE OF QUADRATIC FORM

二次型的Positive semi-definite

刘培杰数学工作室　编

哈爾濱工業大學出版社
HARBIN INSTITUTE OF TECHNOLOGY PRESS

内容提要

本书从一道数学奥林匹克竞赛试题谈起,引出二次型的相关内容.书中介绍了二次型的基本理论、实二次型的半正定性及应用、二次型矩阵在多元可微函数极值问题中的应用以及二次型理论在初等数学中的应用.

本书适合高等院校师生及相关专业研究人员参考阅读.

图书在版编目(CIP)数据

二次型的 Positive semi-definite/刘培杰数学工作室编.—哈尔滨:哈尔滨工业大学出版社,2024.3

(现代数学中的著名定理纵横谈丛书)

ISBN 978—7—5767—0594—2

Ⅰ.①二… Ⅱ.①刘… Ⅲ.①二次型数论 Ⅳ.①O156.5

中国国家版本馆 CIP 数据核字(2023)第 024416 号

ERCIXING DE POSITIVE SEMI-DEFINITE

策划编辑 刘培杰 张永芹

责任编辑 杜莹雪

出版发行 哈尔滨工业大学出版社

社　　址 哈尔滨市南岗区复华四道街 10 号 邮编 150006

传　　真 0451—86414749

网　　址 http://hitpress.hit.edu.cn

印　　刷 辽宁新华印务有限公司

开　　本 787mm×960mm 1/16 印张 7.5 字数 80 千字

版　　次 2024 年 3 月第 1 版 2024 年 3 月第 1 次印刷

书　　号 ISBN 978—7—5767—0594—2

定　　价 168.00 元

代序

读书的乐趣

你最喜爱什么——书籍.

你经常去哪里——书店.

你最大的乐趣是什么——读书.

这是友人提出的问题和我的回答.真的,我这一辈子算是和书籍,特别是好书结下了不解之缘.有人说,读书要费那么大的劲,又发不了财,读它做什么?我却至今不悔,不仅不悔,反而情趣越来越浓.想当年,我也曾爱打球,也曾爱下棋,对操琴也有兴趣,还登台伴奏过.但后来却都一一断交,“终身不复鼓琴”.那原因便是怕花费时间,玩物丧志,误了我的大事——求学.这当然过激了一些.剩下来唯有读书一事,自幼至今,无日少废,谓之书痴也可,谓之书橱也可,管它呢,人各有志,不可相强.我的一生大志,便是教书,而当教师,不多读书是不行的.

读好书是一种乐趣,一种情操;一种向全世界古往今来的伟人和名人求教的方法，一种和他们展开讨论的方式；一封出席各种活动、体验各种生活、结识各种人物的邀请信；一张迈进科学宫殿和未知世界的入场券；一股改造自己、丰富自己的强大力量．书籍是全人类有史以来共同创造的财富，是永不枯竭的智慧的源泉．失意时读书，可以使人重整旗鼓；得意时读书，可以使人头脑清醒；疑难时读书，可以得到解答或启示；年轻人读书，可明奋进之道；年老人读书，能知健神之理．浩浩乎！洋洋乎！如临大海，或波涛汹涌，或清风微拂，取之不尽，用之不竭．吾于读书，无疑义矣，三日不读，则头脑麻木，心摇摇无主．

潜能需要激发

我和书籍结缘，开始于一次非常偶然的机会．大概是八九岁吧，家里穷得揭不开锅，我每天从早到晚都要去田园里帮工．一天，偶然从旧木柜阴湿的角落里，找到一本蜡光纸的小书，自然很破了．屋内光线暗淡，又是黄昏时分，只好拿到大门外去看．封面已经脱落，扉页上写的是《薛仁贵征东》．管它呢，且往下看．第一回的标题已忘记，只是那首开卷诗不知为什么至今仍记忆犹新：

日出遥遥一点红，飘飘四海影无踪．

三岁孩童千两价，保主跨海去征东．

第一句指山东，二、三两句分别点出薛仁贵（雪、人贵）．那时识字很少，半看半猜，居然引起了我极大的兴趣，同时也教我认识了许多生字．这是我有生以来独立看的第一本书．尝到甜头以后，我便千方百计去找书，向小朋友借，到亲友家找，居然断断续续看了《薛丁山征西》《彭公案》《二度梅》等，樊梨花便成了我心中的女英雄.我真入迷了.从此,放牛也罢,车水也罢,我总要带一本书,还练出了边走田间小路边读书的本领,读得津津有味,不知人间别有他事.

当我们安静下来回想往事时,往往会发现一些偶然的小事却影响了自己的一生.如果不是找到那本《薛仁贵征东》,我的好学心也许激发不起来.我这一生,也许会走另一条路.人的潜能,好比一座汽油库,星星之火,可以使它雷声隆隆、光照天地;但若少了这粒火星,它便会成为一潭死水,永归沉寂.

抄,总抄得起

好不容易上了中学,做完功课还有点时间,便常光顾图书馆.好书借了实在舍不得还,但买不到也买不起,便下决心动手抄书.抄,总抄得起.我抄过林语堂写的《高级英文法》,抄过英文的《英文典大全》,还抄过《孙子兵法》,这本书实在爱得狠了,竟一口气抄了两份.人们虽知抄书之苦,未知抄书之益,抄完毫末俱见,一览无余,胜读十遍.

始于精于一,返于精于博

关于康有为的教学法,他的弟子梁启超说:"康先生之教,专标专精、涉猎二条,无专精则不能成,无涉猎则不能通也."可见康有为强烈要求学生把专精和广博(即"涉猎")相结合.

在先后次序上,我认为要从精于一开始.首先应集中精力学好专业,并在专业的科研中做出成绩,然后逐步扩大领域,力求多方面的精.年轻时,我曾精读杜布(J. L. Doob)的《随机过程论》,哈尔莫斯(P. R. Halmos)的《测度论》等世界数学名著,使我终身受益.简言之,即"始于精于一,返于精于博".正如中国革命一样,必须先有一块根据地,站稳后再开创几块,最后连成一片.

丰富我文采,澡雪我精神

辛苦了一周,人相当疲劳了,每到星期六,我便到旧书店走走,这已成为生活中的一部分,多年如此.一次,偶然看到一套《纲鉴易知录》,编者之一便是选编《古文观止》的吴楚材.这部书提纲挈领地讲中国历史,上自盘古氏,直到明末,记事简明,文字古雅,又富于故事性,便把这部书从头到尾读了一遍.从此启发了我读史书的兴趣.

我爱读中国的古典小说,例如《三国演义》和《东周列国志》.我常对人说,这两部书简直是世界上政治阴谋诡计大全.即以近年来极时髦的人质问题(伊朗人质、劫机人质等),这些书中早就有了,秦始皇的父亲便是受害者,堪称"人质之父".

《庄子》超尘绝俗,不屑于名利.其中"秋水""解牛"诸篇,诚绝唱也.《论语》束身严谨,勇于面世,"己所不欲,勿施于人",有长者之风.司马迁的《报任少卿书》,读之我心两伤,既伤少卿,又伤司马;我不知道少卿是否收到这封信,希望有人做点研究.我也爱读鲁迅的杂文,果戈理、梅里美的小说.我非常敬重文天祥、秋瑾的人品,常记他们的诗句:"人生自古谁无死,留取丹心照汗青""休言女子非英物,夜夜龙泉壁上鸣".唐诗、宋词、《西厢记》《牡丹亭》,丰富我文采,澡雪我精神,其中精粹,实是人间神品.

读了邓拓的《燕山夜话》,既叹服其广博,也使我动了写《科学发现纵横谈》的心.不料这本小册子竟给我招来了上千封鼓励信.以后人们便写出了许许多多的“纵横谈”.

从学生时代起,我就喜读方法论方面的论著.我想,做什么事情都要讲究方法,追求效率、效果和效益,方法好能事半而功倍.我很留心一些著名科学家、文学家写的心得体会和经验.我曾惊讶为什么巴尔扎克在51年短短的一生中能写出上百本书,并从他的传记中去寻找答案.文史哲和科学的海洋无边无际,先哲们的明智之光沐浴着人们的心灵,我衷心感谢他们的恩惠.

读书的另一面

以上我谈了读书的好处,现在要回过头来说说事情的另一面.

读书要选择.世上有各种各样的书:有的不值一看,有的只值看20分钟,有的可看5年,有的可保存一辈子,有的将永远不朽.即使是不朽的超级名著,由于我们的精力与时间有限,也必须加以选择.决不要看坏书,对一般书,要学会速读.

读书要多思考.应该想想,作者说得对吗?完全吗?适合今天的情况吗?从书本中迅速获得效果的好办法是有的放矢地读书,带着问题去读,或偏重某一方面去读.这时我们的思维处于主动寻找的地位,就像猎人追找猎物一样主动,很快就能找到答案,或者发现书中的问题.

有的书浏览即止,有的要读出声来,有的要心头记住,有的要笔头记录.对重要的专业书或名著,要勤做笔记,“不动笔墨不读书”.动脑加动手,手脑并用,既可加深理解,又可避忘备查,特别是自己的灵感,更要及时抓住.清代章学诚在《文史通义》中说:“札记之功必不可少,如不札记,则无穷妙绪如雨珠落大海矣.”

许多大事业、大作品，都是长期积累和短期突击相结合的产物.涓涓不息，将成江河；无此涓涓，何来江河？

爱好读书是许多伟人的共同特性，不仅学者专家如此，一些大政治家、大军事家也如此.曹操、康熙、拿破仑、毛泽东都是手不释卷，嗜书如命的人.他们的巨大成就与毕生刻苦自学密切相关.

王梓坤

目录

第一编

从一道奥赛试题谈半正定二次型

第1章 一道IMO试题的重提

数学大师陈省身曾经说过，一个蹩脚的数学家只有一些抽象的定理，而一个好的数学家手中总是有些具体的例子.现在，我们就从一个具体的中学数学竞赛的例子开始谈起.

§1 从一道科索沃奥赛试题谈起

科索沃人口接近两百万.在2011年科索沃举行了数学奥林匹克竞赛，其中的一道试题就是：

试题 设$\triangle ABC$的三边长分别为a,b,c，记$\triangle ABC$的面积为S，求证

$$a^2+b^2+c^2\geqslant 4\sqrt{3}S \qquad (*)$$

广东省珠海市实验中学的王恒亮、李一淳两位老师给出了简洁的几何证明.

证明 在 $\triangle ABC$ 中不妨设 $a \geqslant b \geqslant c$,如图 1,以 BC 为边构造等边 $\triangle A'BC$,记 $AA' = d$,则 $\angle ABA' = \angle ABC - \frac{\pi}{3}$,故在 $\triangle AA'B$ 中,由余弦定理有

$$d^2 = a^2 + c^2 - 2ac\cos\left(\angle ABC - \frac{\pi}{3}\right) =$$

$$a^2 + c^2 - 2ac(\cos\angle ABC\cos 60^\circ +$$

$$\sin\angle ABC\sin 60^\circ) =$$

$$a^2 + c^2 - ac\cos\angle ABC - 2\sqrt{3}\,\frac{ac\sin\angle ABC}{2} =$$

$$a^2 + c^2 - ac\,\frac{a^2 + c^2 - b^2}{2ac} - 2\sqrt{3}S =$$

$$\frac{a^2 + b^2 + c^2}{2} - 2\sqrt{3}S \geqslant 0$$

所以 $a^2 + b^2 + c^2 \geqslant 4\sqrt{3}S$,其中等号成立当且仅当 A 与 A' 重合. 证毕.

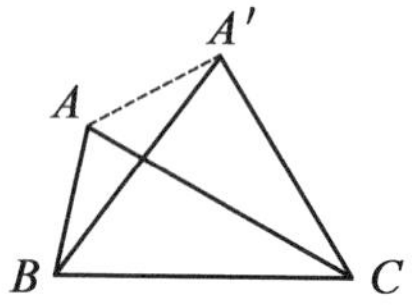

图 1

事实上,对于不等式(*),他们还得到一个更为完美的如下不等式链:

定理 1 $\triangle ABC$ 的三边长分别为 a,b,c,边 BC,AC,AB 上的中线长分别记为 m_a,m_b,m_c,边 BC,AC,AB 上的高线长分别记为 h_a,h_b,h_c,记 $s = \max\left\{\frac{m_a}{h_a},\frac{m_b}{h_b},\frac{m_c}{h_c}\right\}$,$s' =$

$\min\left\{\frac{m_a}{h_a},\frac{m_b}{h_b},\frac{m_c}{h_c}\right\}$，则 $a^2+b^2+c^2 \geqslant 4\sqrt{3}Ss \geqslant 4\sqrt{3}Ss' \geqslant 4\sqrt{3}S$.

证明　在 $\triangle ABD$ 和 $\triangle ACD$ 中分别应用余弦定理可得

$$\frac{m_a^2+\frac{a^2}{4}-c^2}{am_a}=-\frac{m_a^2+\frac{a^2}{4}-b^2}{am_a}$$

故

$$m_a=\frac{1}{2}\sqrt{2b^2+2c^2-a^2}$$

而

$$S=\frac{1}{2}ah_a$$

故

$$\frac{m_a}{h_a}\leqslant\frac{a^2+b^2+c^2}{4\sqrt{3}S}\Leftrightarrow a\sqrt{2b^2+2c^2-a^2}\leqslant\frac{a^2+b^2+c^2}{\sqrt{3}}$$
$$\Leftrightarrow 3a^2(2b^2+2c^2-a^2)\leqslant(a^2+b^2+c^2)^2$$
$$\Leftrightarrow 4a^4+b^4+c^4-4a^2b^2-4a^2c^2+2b^2c^2\geqslant 0$$
$$\Leftrightarrow (b^2+c^2-2a^2)^2\geqslant 0$$

此不等式显然成立，故

$$\frac{m_a}{h_a}\leqslant\frac{a^2+b^2+c^2}{4\sqrt{3}S}$$

同理

$$\frac{m_b}{h_b}\leqslant\frac{a^2+b^2+c^2}{4\sqrt{3}S}$$
$$\frac{m_c}{h_c}\leqslant\frac{a^2+b^2+c^2}{4\sqrt{3}S}$$

故

$$a^2+b^2+c^2\geqslant 4\sqrt{3}\,Ss$$

且

$$a^2+b^2+c^2\geqslant 4\sqrt{3}\,Ss'$$

对于 $\triangle ABC$,由几何意义易知$\frac{m_a}{h_a}\geqslant 1$,故

$$\max\left\{\frac{m_a}{h_a},\frac{m_b}{h_b},\frac{m_c}{h_c}\right\}\geqslant \min\left\{\frac{m_a}{h_a},\frac{m_b}{h_b},\frac{m_c}{h_c}\right\}\geqslant 1$$

即 $s\geqslant s'$,故 $4\sqrt{3}\,Ss\geqslant 4\sqrt{3}\,Ss'\geqslant 4\sqrt{3}\,S$.

综上可得 $a^2+b^2+c^2\geqslant 4\sqrt{3}\,Ss\geqslant 4\sqrt{3}\,Ss'\geqslant 4\sqrt{3}\,S$.

经过研究发现这是一道成题,早在 1961 年第 3 届 IMO 中就已经由波兰人提供过,并被当作当年的第 2 题. 经过 60 多年来竞赛选手及教练员们不断地研究,现在已经有了 27 种不同的解法.

§2　一道有 27 种解法的 IMO 试题

试题　已知 a,b,c 是三角形三边的长度,T 是该三角形的面积,求证

$$a^2+b^2+c^2\geqslant 4\sqrt{3}\,T$$

并指出在什么条件下等号成立?

解法 1　设 a 不小于 b 或 c,则此边上的高在三角形内,以 h 表示. 此高把 a 分成两段,其长度分别以 m, n 表示,如图 2 所示,则

$$b^2=h^2+n^2,c^2=h^2+m^2,T=\frac{1}{2}(m+n)h$$

于是求证的不等式可化为

$$(m+n)^2+(h^2+n^2)+(h^2+m^2)\geqslant 2\sqrt{3}(m+n)h$$

即

$$h^2-\sqrt{3}(m+n)h+(n^2+m^2+mn)\geqslant 0 \quad (1)$$

这样，我们只需证明式(1)成立.

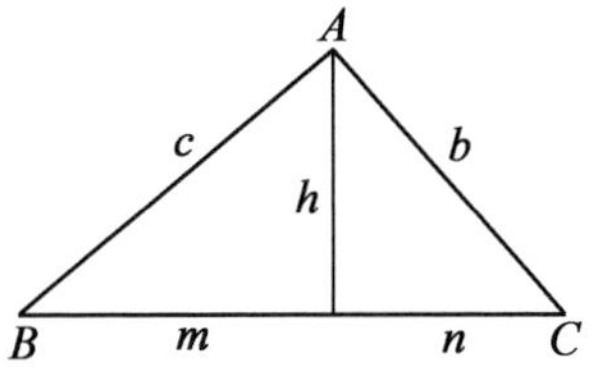

图 2

用 $Q(h)$ 表示式(1)的左边，则 $Q(h)$ 是 h 的二次三项式，其判别式为

$$3(m+n)^2-4(n^2+m^2+mn)=-(m-n)^2\leqslant 0$$

因 $Q(h)$ 的判别式小于或等于 0，可知 $Q(h)$ 不可能取负值. 从而可知原不等式是正确的，而且易知，当且仅当 $m=n, h=\sqrt{3}m$ 时，等号成立. 此时 BC 边上的高等于 $\frac{\sqrt{3}}{2}BC$ 且平分 BC，故 $\triangle ABC$ 是正三角形.

解法 2　一方面，令 $a+b+c=2s$，则

$$4s^2=(a+b+c)^2=a^2+b^2+c^2+2ab+2bc+2ca$$

又

$$(a-b)^2+(b-c)^2+(c-a)^2=$$
$$2(a^2+b^2+c^2-ab-bc-ca)$$

以上两式左右两边分别相加得

$$4s^2+(a-b)^2+(b-c)^2+(c-a)^2=3(a^2+b^2+c^2)$$

从而得

$$4s^2\leqslant 3(a^2+b^2+c^2)$$

另一方面，根据平面几何定理，在所有周界相等的三角形中，正三角形的面积最大，若正三角形的边长为

$\frac{2s}{3}$,则其面积为

$$\frac{\sqrt{3}}{4}\left(\frac{2s}{3}\right)^2=\frac{\sqrt{3}s^2}{9}$$

因此

$$T\leqslant\frac{\sqrt{3}s^2}{9}\leqslant\frac{3\sqrt{3}(a^2+b^2+c^2)}{36}$$

$$\Rightarrow a^2+b^2+c^2\geqslant\frac{12T}{\sqrt{3}}=4\sqrt{3}T$$

当且仅当 $a=b=c$,即 $\triangle ABC$ 是正三角形时,上式等号成立.

解法3 我们依顶角 $\angle A\geqslant 120^\circ$ 或 $\angle A<120^\circ$ 分为两种情形进行讨论.

(i)设 $\angle A\geqslant 120^\circ$. 在 BC 的下方作正 $\triangle BCD$ 及其外接圆,如图 3 所示. 外接圆的直径 $DF=\frac{2a}{\sqrt{3}}$. 因点 A 在弓形 BFC 之内,故 $AH\leqslant FE=\frac{\sqrt{3}a}{6}$. 所以

$$\frac{S_{\triangle BCD}}{S_{\triangle ABC}}\geqslant\frac{\frac{\sqrt{3}a}{2}}{\frac{\sqrt{3}a}{6}}=3$$

但 $S_{\triangle BCD}=\frac{\sqrt{3}a^2}{4}$,$S_{\triangle ABC}=T$,所以

$$\frac{\sqrt{3}a^2}{4}\geqslant 3T$$

上式左边加正数 $\frac{\sqrt{3}}{4}(b^2+c^2)$ 得

$$\frac{\sqrt{3}}{4}(a^2+b^2+c^2)>3T$$

以 4 乘上式两边即得所求证的不等式.

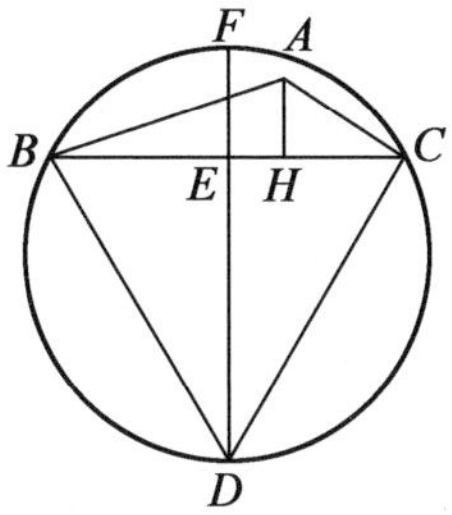

图 3

(ⅱ)设 $\angle A < 120^\circ$. 在三边上各向外作正三角形和它们的外接圆,如图 4 所示. 这三个外接圆的交点 N 是唯一的. 若 N 是 $\triangle RAB$ 及 $\triangle QAC$ 的外接圆的交点,则

$$\angle ANC = \angle ANB = 120^\circ \Rightarrow \angle BNC = 120^\circ$$

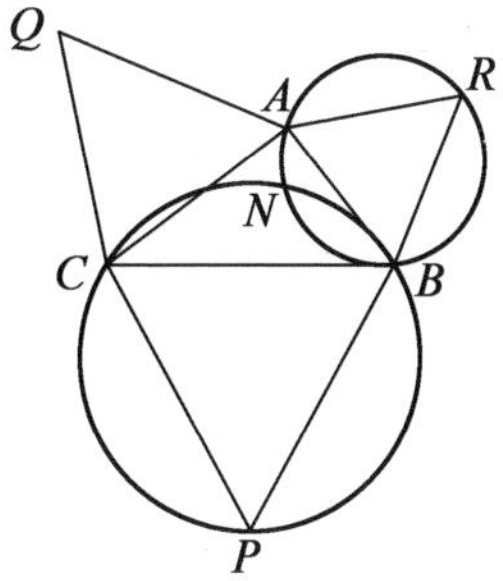

图 4

所以 N 在 $\triangle PBC$ 的外接圆上,根据(ⅰ)的结果可知

$$\frac{\sqrt{3}a^2}{4} \geqslant 3S_{\triangle NBC}$$

$$\frac{\sqrt{3}b^2}{4} \geqslant 3S_{\triangle NCA}$$

$$\frac{\sqrt{3}c^2}{4} \geqslant 3S_{\triangle NAB}$$

把它们相加，即得所求证的不等式. 当 $NA=NB=NC$ 时等号成立.

解法 4 由海伦(Heron)公式，三角形面积

$$T=\sqrt{\frac{a+b+c}{2}\cdot\frac{a+b-c}{2}\cdot\frac{a+c-b}{2}\cdot\frac{b+c-a}{2}}$$

又因对于任意正实数 x,y,z 有不等式

$$\frac{x+y+z}{3} \geqslant \sqrt[3]{xyz}$$

即

$$xyz \leqslant \left(\frac{x+y+z}{3}\right)^3$$

(等号当且仅当 $x=y=z$ 时成立)，故有

$$(a+b-c)(a+c-b)(b+c-a) \leqslant$$

$$\left(\frac{a+b+c}{3}\right)^3=\frac{(a+b+c)^3}{27}$$

(等号当且仅当 $a+b-c=a+c-b=b+c-a$，即 $a=b=c$ 时成立)，所以

$$4T=\sqrt{(a+b+c)(a+b-c)(a+c-b)(b+c-a)} \leqslant$$

$$\sqrt{(a+b+c)\frac{(a+b+c)^3}{27}}=$$

$$\frac{(a+b+c)^2}{3\sqrt{3}}=$$

$$\frac{3a^2+3b^2+3c^2-(a-b)^2-(b-c)^2-(c-a)^2}{3\sqrt{3}} \leqslant$$

$$\frac{a^2+b^2+c^2}{\sqrt{3}}$$

即得

$$a^2+b^2+c^2 \geqslant 4\sqrt{3}T$$

等号当且仅当 $a=b=c$ 时成立.

解法 5　由余弦定理,得

$$a^2+b^2+c^2=(a^2+b^2-c^2)+(b^2+c^2-a^2)+(c^2+a^2-b^2)=2ab\cdot\cos C+2bc\cdot\cos A+2ca\cdot\cos B$$

于是

$$\frac{a^2+b^2+c^2}{4T}=\frac{2ab\cdot\cos C}{4T}+\frac{2bc\cdot\cos A}{4T}+\frac{2ca\cdot\cos B}{4T}=\frac{2ab\cdot\cos C}{2ab\cdot\sin C}+\frac{2bc\cdot\cos A}{2bc\cdot\sin A}+\frac{2ca\cdot\cos B}{2ca\cdot\sin B}=\cot C+\cot A+\cot B$$

设

$$y=\cot C+\cot A+\cot B=-\cot(A+B)+\cot A+\cot B=-\frac{\cot A\cdot\cot B-1}{\cot A+\cot B}+\cot A+\cot B$$

去分母并化简,得

$$\cot^2 A+(\cot B-y)\cot A+(\cot^2 B-y\cdot\cot B+1)=0$$

由于 $\cot A$ 为实数,所以方程成立的必要条件是判别式

$$\Delta=(\cot B-y)^2-4(\cot^2 B-y\cdot\cot B+1)=-3\cot^2 B+2y\cdot\cot B+(y^2-4)\geqslant 0$$

这是一个关于 $\cot B$ 的二次三项式，它的二次项系数 $-3<0$，如果要求它的值不小于 0，则 $\cot B$ 之值必介于这个二次三项式的两根之间，亦即这个二次三项式有两个实根. 于是又有

$$(2y)^2-4(-3)(y^2-4)=16y^2-48\geqslant 0$$

注意到 $y=\cot A+\cot B+\cot C>0$，取正值得

$$y\geqslant\sqrt{3}$$

其中等号当 $\cot B=\frac{1}{\sqrt{3}}$ 和 $\cot A=\frac{\cot B-y}{2}=\frac{1}{\sqrt{3}}$，即 $\angle A=\angle B=\angle C=\frac{\pi}{3}$ 时成立.

所以$\frac{a^2+b^2+c^2}{4T}\geqslant\sqrt{3}$，即 $a^2+b^2+c^2\geqslant 4\sqrt{3}T$，其中等号成立的充要条件是

$$\angle A=\angle B=\angle C=\frac{\pi}{3}$$

解法 6　由三角形面积的海伦公式并注意到

$$a^4+b^4+c^4\geqslant a^2b^2+b^2c^2+c^2a^2$$

即可得证.

解法 7　由余弦定理及三角形面积公式知

$$a^2+b^2+c^2-4\sqrt{3}T\geqslant 2(a^2+b^2-2ab)=2(a-b)^2\geqslant 0$$

所以

$$a^2+b^2+c^2\geqslant 4\sqrt{3}T$$

解法 8　由于

$$a^2+b^2+c^2=2(a^2+b^2-ab\cdot\cos C)\geqslant 2ab(2-\cos C)=4T\cdot\frac{2-\cos C}{\sin C}$$

并注意到 $\cos\left(\frac{\pi}{3}-C\right)\leqslant 1$，即

$$a^2+b^2+c^2\geqslant 4\sqrt{3}\,T$$

解法 9　由余弦定理并利用三角形面积公式，得

$$a^2+b^2+c^2=4T(\cot A+\cot B+\cot C)$$

但

$$\cot A+\cot B+\cot C\geqslant\sqrt{3}$$

所以

$$a^2+b^2+c^2\geqslant 4\sqrt{3}\,T$$

解法 10　由算术－几何平均不等式，得

$$a^2+b^2+c^2\geqslant 3(abc)^{\frac{2}{3}}$$

利用公式

$$a^2b^2c^2=\frac{8T^3}{\sin A\cdot\sin B\cdot\sin C}$$

及

$$\sin A\cdot\sin B\cdot\sin C\leqslant\frac{3}{8}\sqrt{3}$$

即得

$$a^2+b^2+c^2\geqslant 3\left(8T^3\cdot\frac{8}{3\sqrt{3}}\right)^{\frac{1}{3}}=4\sqrt{3}\,T$$

解法 11　因为

$$a^2+b^2+c^2\geqslant ab+bc+ca=$$

$$2T\left(\frac{1}{\sin A}+\frac{1}{\sin B}+\frac{1}{\sin C}\right)$$

但

$$\frac{1}{\sin A}+\frac{1}{\sin B}+\frac{1}{\sin C}\geqslant 3(\sin A\cdot\sin B\cdot\sin C)^{-\frac{1}{3}}$$

且

$$\sin A \cdot \sin B \cdot \sin C \leqslant \frac{3}{8}\sqrt{3}$$

所以

$$a^2 + b^2 + c^2 \geqslant 4\sqrt{3}\,T$$

解法 12 设$\triangle ABC$中与边a,b,c相对应的三条高及三条中线长分别为h_a,h_b,h_c及m_a,m_b,m_c.易知

$$h_a^2 + h_b^2 + h_c^2 \leqslant \frac{3}{4}(a^2 + b^2 + c^2) \qquad (2)$$

由算术－几何平均不等式,并由式(2)得

$$T^6 \leqslant \frac{1}{64} \cdot \frac{1}{27} \cdot \frac{1}{64}(a^2 + b^2 + c^2)^6$$

从而

$$a^2 + b^2 + c^2 \geqslant 4\sqrt{3}\,T$$

解法 13 不妨假定$a \geqslant b \geqslant c$,则$h_a \leqslant h_b \leqslant h_c$($h_a,h_b,h_c$分别为边$a,b,c$上的高),由切比雪夫不等式或排序原理,得

$$36T^2 \leqslant (a^2 + b^2 + c^2)(h_a^2 + h_b^2 + h_c^2)$$

利用式(2),即得

$$a^2 + b^2 + c^2 \geqslant 4\sqrt{3}\,T$$

解法 14 不妨假定$a \geqslant b \geqslant c$,则有

$$b^2 + c^2 - a^2 \leqslant c^2 + a^2 - b^2 \leqslant a^2 + b^2 - c^2$$

由切比雪夫不等式或排序原理得

$$3(2a^2b^2 + 2b^2c^2 + 2c^2a^2 - a^4 - b^4 - c^4) \leqslant (a^2 + b^2 + c^2)^2$$

但

$$2a^2b^2 + 2b^2c^2 + 2c^2a^2 - a^4 - b^4 - c^4 = 16T^2$$

从而

$$a^2 + b^2 + c^2 \geqslant 4\sqrt{3}\,T$$

解法 15　令 $b+c-a=x$，$c+a-b=y$，$a+b-c=z$，则 $x>0$，$y>0$，$z>0$，且

$$a=\frac{1}{2}(y+z)$$

$$b=\frac{1}{2}(z+x)$$

$$c=\frac{1}{2}(x+y)$$

$$a+b+c=x+y+z$$

又

$$T=\frac{1}{4}\sqrt{(a+b+c)(b+c-a)(c+a-b)(a+b-c)}=\frac{1}{4}\sqrt{xyz(x+y+z)}$$

故待证不等式等价于

$$x^2+y^2+z^2+xy+yz+xz\geqslant 2\sqrt{3xyz(x+y+z)} \tag{3}$$

下面证明比式(3)更强的不等式，即

$$xy+yz+xz\geqslant\sqrt{3xyz(x+y+z)} \tag{4}$$

上式两边平方得

$$(xy+yz+xz)^2\geqslant 3xyz(x+y+z)$$

由于

$$(xy+yz+xz)^2-3xyz(x+y+z)=\frac{1}{2}(x^2(y-z)^2+y^2(z-x)^2+z^2(x-y)^2)>0$$

故不等式(4)成立. 再由 $x^2+y^2+z^2\geqslant xy+yz+xz$，故由式(4)知式(3)成立，从而待证不等式成立.

解法 16　设 $\triangle ABC$ 的内切圆半径及周长之半分别为 r 与 s，则有公式 $s=r\cdot\cot\frac{A}{2}\cdot\cot\frac{B}{2}\cdot\cot\frac{C}{2}$. 由

算术－几何平均不等式,得

$$\cot\frac{A}{2}\cdot\cot\frac{B}{2}\cdot\cot\frac{C}{2}\geqslant 3\sqrt{3}\tag{5}$$

所以 $s\geqslant 3\sqrt{3}r$. 又因为

$$a^2+b^2+c^2\geqslant\frac{1}{3}(a+b+c)^2=\frac{4}{3}s^2$$

所以

$$a^2+b^2+c^2\geqslant\frac{4}{3}s\cdot 3\sqrt{3}r=4\sqrt{3}sr=4\sqrt{3}T$$

解法 17 由式(5)知

$$\cos\frac{A}{2}\cdot\cos\frac{B}{2}\cdot\cos\frac{C}{2}\geqslant 3\sqrt{3}\sin\frac{A}{2}\cdot\sin\frac{B}{2}\cdot\sin\frac{C}{2}\tag{6}$$

因为

$$a^2+b^2+c^2\geqslant\frac{1}{3}(a+b+c)^2=\frac{64}{3}R^2\cdot\cos^2\frac{A}{2}\cdot\cos^2\frac{B}{2}\cdot\cos^2\frac{C}{2}$$

其中,R 为 $\triangle ABC$ 的外接圆半径. 利用式(6),可知

$$a^2+b^2+c^2\geqslant\frac{64}{3}R^2\cdot\cos\frac{A}{2}\cdot\cos\frac{B}{2}\cdot\cos\frac{C}{2}\cdot 3\sqrt{3}\sin\frac{A}{2}\cdot\sin\frac{B}{2}\cdot\sin\frac{C}{2}=8\sqrt{3}R^2\cdot\sin A\cdot\sin B\cdot\sin C=4\sqrt{3}T$$

解法 18 由算术－几何平均不等式,知

$$(s-a)(s-b)\leqslant\left(\frac{1}{2}(s-a+s-b)\right)^2=\frac{1}{4}c^2$$

$$s=\frac{1}{2}(a+b+c)$$

$$(s-b)(s-c)\leqslant\frac{1}{4}a^2$$

$$(s-c)(s-a)\leqslant\frac{1}{4}b^2$$

三式相加,得

$$a^2+b^2+c^2\geqslant 4((s-a)(s-b)+(s-b)(s-c)+(s-c)(s-a))$$

又

$$(s-a)(s-b)+(s-b)(s-c)+(s-c)(s-a)\geqslant 3((s-a)(s-b)(s-c))^{\frac{2}{3}}$$

从而

$$(a^2+b^2+c^2)^3\geqslant 12^3((s-a)(s-b)(s-c))^2$$

易知

$$a^2+b^2+c^2\geqslant\frac{1}{3}(a+b+c)^2=\frac{4}{3}s^2$$

两式相乘得

$$(a^2+b^2+c^2)^4\geqslant\frac{4}{3}\cdot 12^3\cdot T^4$$

由此即有

$$a^2+b^2+c^2\geqslant 4\sqrt{3}\,T$$

解法 19　如图 5 所示,设 AB 为 $\triangle ABC$ 的最大边,AB 边上的高 $CD=\frac{2T}{c}$. 设 $AD=x$,$DB=c-x$,于是

$$b^2=(\frac{2T}{c})^2+x^2$$

$$a^2=(\frac{2T}{c})^2+(c-x)^2$$

故

$$a^2+b^2+c^2 \geqslant \frac{3}{2}c^2+2(\frac{2T}{c})^2$$

但

$$\frac{3}{2}c^2+2(\frac{2T}{c})^2 \geqslant 2\sqrt{\frac{3}{2}c^2 \cdot 2(\frac{2T}{c})^2}=4\sqrt{3}T$$

所以

$$a^2+b^2+c^2 \geqslant 4\sqrt{3}T$$

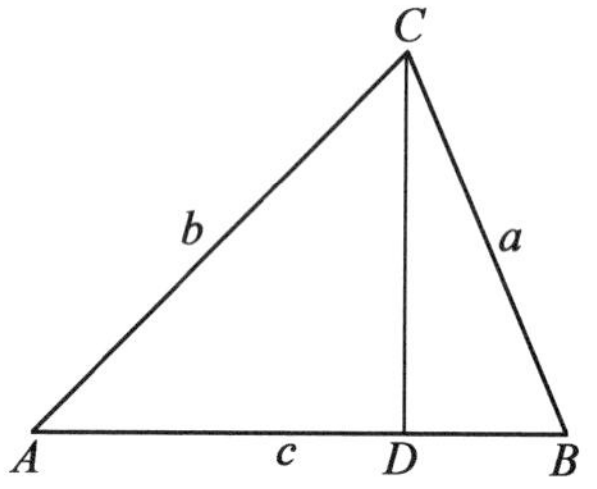

图 5

解法 20 设 AB 为 $\triangle ABC$ 的最大边，AB 边上的高 $CD=h$，并设 $AD=l$，$DB=m$，则 $l+m=c$，又

$$T=\frac{1}{2}(l+m)h$$

$$b^2=l^2+h^2$$

$$a^2=m^2+h^2$$

所以

$$\begin{aligned}a^2+b^2+c^2-4\sqrt{3}T=&(l+m)^2+m^2+h^2+l^2+\\&h^2-2\sqrt{3}(l+m)h=\\&2(h^2-\sqrt{3}(l+m)h+l^2+\\&lm+m^2)\end{aligned}$$

令

$$y=h^2-\sqrt{3}(l+m)h+l^2+lm+m^2$$

这是一个关于 h 的二次函数，其判别式

$$3(l+m)^2-4(l^2+lm+m^2)=-(l-m)^2\leqslant 0$$

故

$$y=h^2-\sqrt{3}(l+m)h+l^2+lm+m^2\geqslant 0$$

从而有

$$a^2+b^2+c^2\geqslant 4\sqrt{3}T$$

解法21　不妨设 $AB\geqslant AC\geqslant BC$，如图6所示，以 BC 为底作正 $\triangle A'BC$，使 A 和 A' 在 BC 的同侧. 在 $\triangle ACA'$ 中，由余弦定理得

$$AA'^2=\frac{1}{2}(a^2+b^2+c^2-4\sqrt{3}T)$$

因为 $AA'^2\geqslant 0$，所以

$$a^2+b^2+c^2\geqslant 4\sqrt{3}T$$

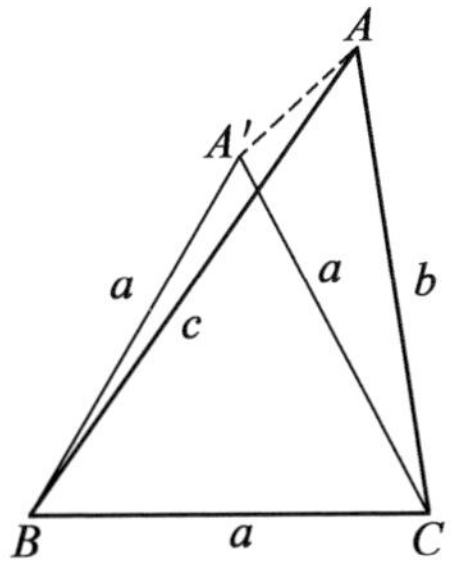

图 6

解法22　如图7所示，设 BC 为 $\triangle ABC$ 的较小边，以 BC 为边作正三角形，使 A 和 A' 在 BC 的同侧，分别过 A,A' 作 BC 的垂线交 BC 于 D,E. 设 $AD=h$，则

$$AA'^2=DE^2+(h-\frac{\sqrt{3}}{2}a)^2=$$

$$BD^2-a\cdot BD+a^2+h^2-2\sqrt{3}T$$

所以

$$2AA'^2+4\sqrt{3}T=a^2+c^2+h^2+DC^2=$$

$$a^2+b^2+c^2$$

因为 $AA'^2\geqslant 0$，所以

$$a^2+b^2+c^2\geqslant 4\sqrt{3}T$$

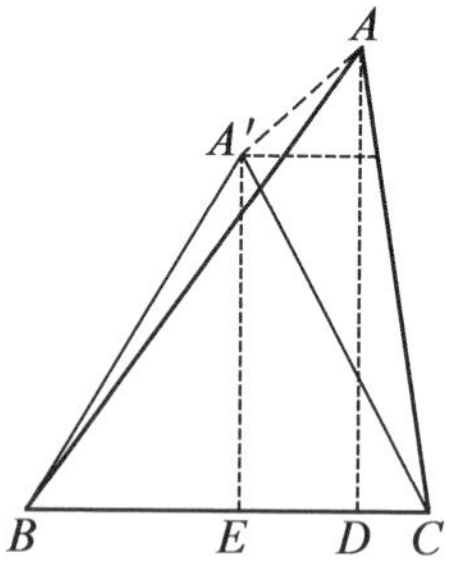

图 7

解法 23 如图 8 所示，分别在 $\triangle ABC$ 的边 BC，CA，AB 上向内侧作正三角形，它们的顶点依次为 A'，B'，C'. 若 K，L 为 BC 的三等分点，则 $\triangle A'KL$ 为正三角形. 在 $\triangle BA'L$ 中，由余弦定理，得

$$BA'^2=BL^2+LA'^2-2BL\cdot LA'\cdot\cos\angle BLA'=\frac{1}{3}a^2$$

同理
$$BC'^2=\frac{1}{3}c^2$$

在 $\triangle A'BC'$ 中，有

$$C'A'^2=\frac{1}{3}a^2+\frac{1}{3}c^2-2\cdot\frac{a}{\sqrt{3}}\cdot\frac{c}{\sqrt{3}}\cos\left(B-\frac{\pi}{3}\right)=$$
$$\frac{1}{3}a^2+\frac{1}{3}c^2-\frac{1}{3}ac(\cos B+\sqrt{3}\sin B)$$

由 $T=\dfrac{1}{2}ca\cdot\sin B$ 及 $\cos B=\dfrac{c^2+a^2-b^2}{2ca}$，有

$$C'A'^2=\frac{1}{3}a^2+\frac{1}{3}c^2-\frac{1}{6}(a^2+c^2-b^2)-\frac{2}{\sqrt{3}}T=$$

$$\frac{1}{6}(a^2+b^2+c^2-4\sqrt{3}T)$$

因为 $C'A'^2\geqslant 0$，所以 $a^2+b^2+c^2\geqslant 4\sqrt{3}T$. 由于同理可证

$$A'B'^2=B'C'^2=\frac{1}{6}(a^2+b^2+c^2-4\sqrt{3}T)$$

故 $\triangle A'B'C'$ 为正三角形，$\triangle A'B'C'$ 通常称为拿破仑三角形，显然当 $\triangle ABC$ 为正三角形时，它退化为一点.

所以 $$a^2+b^2+c^2\geqslant 4\sqrt{3}T$$

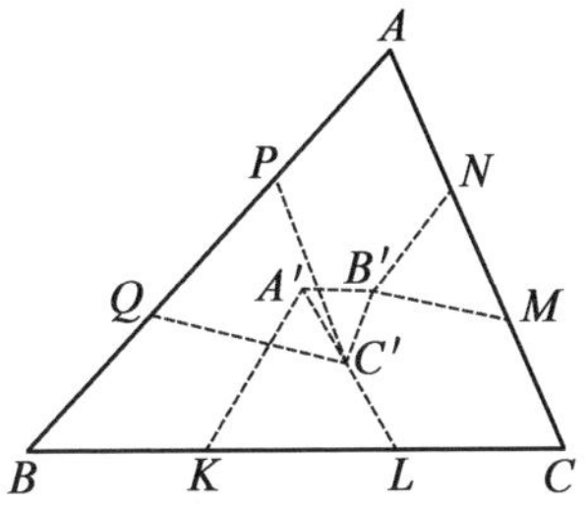

图 8

解法 24　如图 9 所示，在平面直角坐标系中，设 $\triangle ABC$ 三个顶点的坐标分别为 $A(p,q)$，$B(0,0)$，$C(a,0)$，其中 $q>0$. 因为

$$b^2=(a-p)^2+q^2$$

$$c^2=p^2+q^2$$

$$T=\frac{1}{2}aq$$

所以

$$a^2+b^2+c^2-4\sqrt{3}T=2a^2+2p^2+2q^2-2ap-2\sqrt{3}aq=$$

$$2\left(\left(p-\frac{a}{2}\right)^2+\left(q-\frac{\sqrt{3}}{2}a\right)^2\right)\geqslant 0$$

于是

$$a^2+b^2+c^2\geqslant 4\sqrt{3}\,T$$

解法 25 如图 10 所示，在复平面上，置 $\triangle ABC$ 的边 BC 在正实轴上，B 重合于坐标原点，设 A,C 所对应的复数为

$$z_1=\xi+\mathrm{i}\eta\quad(\eta>0)$$
$$z_2=a+\mathrm{i}0=a$$

因为

$$T=\frac{1}{2}a\mid z_1\mid\sin\angle CBA=\frac{1}{2}a\eta$$

而

$$a^2+b^2+c^2=2(a^2+\xi^2+\eta^2-a\xi)$$

所以

$$\begin{aligned}&a^2+b^2+c^2-4\sqrt{3}\,T=\\&2(a^2+\xi^2+\eta^2-a\xi-\sqrt{3}\,a\eta)=\\&2((\xi-\frac{a}{2})^2+(\eta-\frac{\sqrt{3}}{2}a)^2)\geqslant 0\end{aligned}$$

从而有

$$a^2+b^2+c^2\geqslant 4\sqrt{3}\,T$$

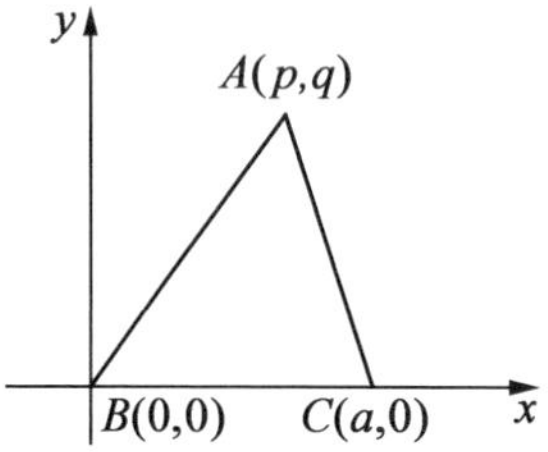

图 9

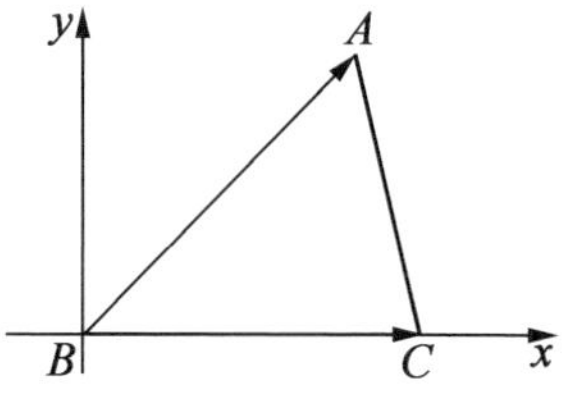

图 10

解法 26 如图 11 所示，分别以 $\triangle ABC$ 的三边为一边向外侧作正 $\triangle BCD$，$\triangle CAE$，$\triangle ABF$，设它们的中

心分别为 O_1,O_2,O_3，若 $\triangle ABF$ 的外接圆和 $\triangle BCD$ 的外接圆交于 O，则 $\angle AOB=\angle BOC=120°$，从而 $\angle AOC=120°$，于是 $\triangle CAE$ 的外接圆也过点 O. 联结 BO_1,CO_1，则 $\angle BO_1C=120°$，$\triangle BO_1C$ 和 $\triangle BOC$ 有公共的底边 BC，且 $\angle BO_1C=\angle BOC$. 根据三角形的一边及该边所对的顶角一定时，以此三角形的另两边为腰的等腰三角形具有最大面积(证明过程这里略去)，故 $\triangle BO_1C$ 的面积不小于 $\triangle BOC$ 的面积. 若 $\triangle BOC$，$\triangle COA$，$\triangle AOB$ 的面积分别记为 T_1,T_2,T_3，又

$$S_{\triangle BO_1C}=\frac{1}{3}S_{\triangle BCD}=\frac{1}{3}\cdot\frac{\sqrt{3}}{4}a^2$$

于是
$$\frac{1}{3}\cdot\frac{\sqrt{3}}{4}a^2\geqslant T_1$$

同理

$$\frac{1}{3}\cdot\frac{\sqrt{3}}{4}b^2\geqslant T_2$$

$$\frac{1}{3}\cdot\frac{\sqrt{3}}{4}c^2\geqslant T_3$$

三式相加，得

$$\frac{\sqrt{3}}{12}(a^2+b^2+c^2)\geqslant T_1+T_2+T_3=T$$

因此
$$a^2+b^2+c^2\geqslant 4\sqrt{3}\,T$$

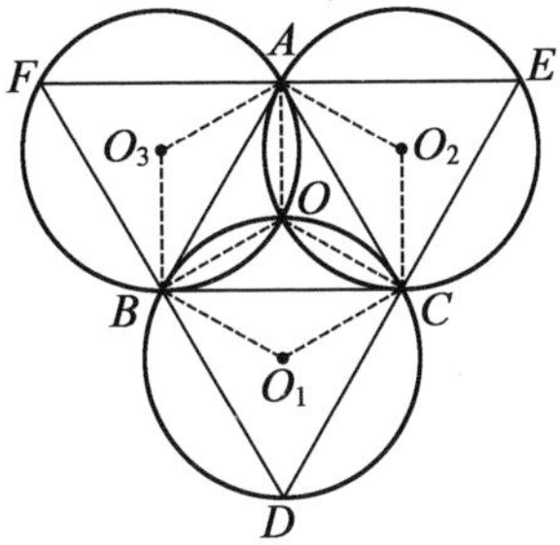

图 11

解法 27 （利用高等代数的知识的证法）利用余弦定理及面积公式进行证明.

先把要证的结论化成二次型

$$f(a,b)=a^2+b^2+a^2+b^2-2ab\cos C-2\sqrt{3}ab\sin C=$$
$$2a^2+2b^2-2ab(\cos C+\sqrt{3}\sin C)=$$
$$2a^2+2b^2-4ab\sin(30^\circ+C)$$

根据实二次型半正定的判定定理：

定理 实二次型 $f(x_1,x_2,\cdots,x_n)=\boldsymbol{X}'\boldsymbol{A}\boldsymbol{X}$ 为半正定的充要条件是 $\boldsymbol{A}$ 的各阶主子式均为非负数.

$f(a,b)$ 的矩阵为

$$\boldsymbol{A}=\begin{pmatrix} 2 & -2\sin(30^\circ+C) \\ -2\sin(30^\circ+C) & 2 \end{pmatrix}$$

因为 $2>0$,且

$$|\boldsymbol{A}|=4[1-\sin^2(30^\circ+C)]=$$
$$4\cos^2(30^\circ+C)\geqslant 0$$

所以 f 半正定,从而结论成立.

二次型的基本理论

第2章

§1　二次型的变换

在上一章最后一个解法中用到了高等代数的知识,在代数中齐次多项式称为型.特别地,二次齐次多项式称为二次型.我们对二次型感兴趣是因为它在数学的各分支的许多问题上有它的特殊价值,包括实用的价值.无疑地,读者是熟悉二次曲线的理论,也许还熟悉二次曲面的理论的.关于这些内容的研究实际上是关于带两个(或者三个)变量的二次多项式的研究.诚然,这种多项式一般是非齐次的,然而在它们中间关于二次项的研究是最基本与最困难的,因此这些内容的研究基本上是有关于二次型的研究的.

二次型的研究以下列的事实为基础:二次型的表示式可以用换原变量为新变量的适当变换来作实质上的简化.

设 $x_1,x_2,\cdots,x_n$ 是原变量，$y_1,y_2,\cdots,y_n$ 是新变量，而且它们可以用 $x_1,x_2,\cdots,x_n$ 线性表示出来，也就是说 $y_1,y_2,\cdots,y_n$ 都是 $x_1,x_2,\cdots,x_n$ 的一次齐次多项式

$$y_1=\lambda_{11}x_1+\lambda_{12}x_2+\cdots+\lambda_{1n}x_n$$
$$y_2=\lambda_{21}x_1+\lambda_{22}x_2+\cdots+\lambda_{2n}x_n$$
$$\vdots$$
$$y_n=\lambda_{n1}x_1+\lambda_{n2}x_2+\cdots+\lambda_{nn}x_n$$

假如在这里每一个原变量 $x_1,x_2,\cdots,x_n$ 都可以用 $y_1,y_2,\cdots,y_n$ 线性表示出来，即

$$x_1=\mu_{11}y_1+\mu_{12}y_2+\cdots+\mu_{1n}y_n$$
$$x_2=\mu_{21}y_1+\mu_{22}y_2+\cdots+\mu_{2n}y_n$$
$$\vdots$$
$$x_n=\mu_{n1}y_1+\mu_{n2}y_2+\cdots+\mu_{nn}y_n$$

那么 $x_1,x_2,\cdots,x_n$ 的任意一个函数 $F(x_1,x_2,\cdots,x_n)$ 显然可以表示成新变量的函数

$$F(x_1,x_2,\cdots,x_n)=$$
$$F[(\mu_{11}y_1+\mu_{12}y_2+\cdots+\mu_{1n}y_n),\cdots,$$
$$(\mu_{n1}y_1+\mu_{n2}y_2+\cdots+\mu_{nn}y_n)]=$$
$$\Phi(y_1,y_2,\cdots,y_n)$$

在这个情形下，我们说，在应用线性变换将变量 $x_1,x_2,\cdots,x_n$ 变为变量 $y_1,y_2,\cdots,y_n$ 时，函数 $F(x_1,x_2,\cdots,x_n)$ 变为函数 $\Phi(y_1,y_2,\cdots,y_n)$. 在这里直接可以看得出，假如 $F(x_1,x_2,\cdots,x_n)$ 是变量 $x_1,x_2,\cdots,x_n$ 的 k 次齐次多项式，那么 $\Phi(y_1,y_2,\cdots,y_n)$ 也将是变量 $y_1,y_2,\cdots,y_n$ 的 k 次齐次多项式. 接下来我们将只研讨二次型的变换.

一方面，我们要注意，假如变量 $x_1,x_2,\cdots,x_n$ 到变

量 $y_1,y_2,\cdots,y_n$ 的线性变换把 $F(x_1,x_2,\cdots,x_n)$ 变为 $\Phi(y_1,y_2,\cdots,y_n)$，而变量 $y_1,y_2,\cdots,y_n$ 到变量 $z_1,z_2,\cdots,z_n$ 的线性变换又把 $\Phi(y_1,y_2,\cdots,y_n)$ 变为 $\Psi(z_1,z_2,\cdots,z_n)$，那么应用 $x_1,x_2,\cdots,x_n$ 到 $z_1,z_2,\cdots,z_n$ 的直接的线性变换可以把 $F(x_1,x_2,\cdots,x_n)$ 变为 $\Psi(z_1,z_2,\cdots,z_n)$. 实际上 $z_1,z_2,\cdots,z_n$ 是用 $y_1,y_2,\cdots,y_n$ 来线性表示的,因此所有 $z_1,z_2,\cdots,z_n$ 显然都可以用 $x_1,x_2,\cdots,x_n$ 来线性表示. 另一方面,$x_1,x_2,\cdots,x_n$ 是可以用 $y_1,y_2,\cdots,y_n$ 来线性表示的,而每一个 y_i 又可以用 $z_1,z_2,\cdots,z_n$ 来线性表示. 由此得出,所有 $x_1,x_2,\cdots,x_n$ 都可以用 $z_1,z_2,\cdots,z_n$ 来线性表示. 因此,从 $x_1,x_2,\cdots,x_n$ 直接到 $z_1,z_2,\cdots,z_n$ 的变换是线性变换.

假如 $y_1,y_2,\cdots,y_n$ 是以任意方式用 $x_1,x_2,\cdots,x_n$ 来线性表示的话,那么 $x_1,x_2,\cdots,x_n$ 不是总可以用 $y_1,y_2,\cdots,y_n$ 来线性表示的. 换句话说,不论 $y_1,y_2,\cdots,y_n$ 关于 $x_1,x_2,\cdots,x_n$ 的线性表示式的矩阵如何

$$\boldsymbol{L}=\begin{pmatrix}\lambda_{11} & \lambda_{12} & \cdots & \lambda_{1n}\\ \lambda_{21} & \lambda_{22} & \cdots & \lambda_{2n}\\ \vdots & \vdots & & \vdots\\ \lambda_{n1} & \lambda_{n2} & \cdots & \lambda_{nn}\end{pmatrix}$$

并不是都可以把它按照上述意义说成是变量的线性变换.

定理 1　设变量 $x_1,x_2,\cdots,x_n$ 是线性无关的,$y_1,y_2,\cdots,y_n$ 都是 $x_1,x_2,\cdots,x_n$ 的一次齐次多项式,$y_1,y_2,\cdots,y_n$ 用 $x_1,x_2,\cdots,x_n$ 来线性表示的矩阵是 $\boldsymbol{L}$. 那么,当且仅当矩阵 $\boldsymbol{L}$ 的秩是 n 时,变量 $x_1,x_2,\cdots,x_n$ 才可以用 $y_1,y_2,\cdots,y_n$ 来线性表示.

证明 在这组关于 $x_1,x_2,\cdots,x_n$ 的 $2n$ 个函数 $x_1,x_2,\cdots,x_n,y_1,y_2,\cdots,y_n$ 中，$x_1,x_2,\cdots,x_n$ 组成基底(因为它们彼此是线性无关的，而且所有的 $y_1,y_2,\cdots,y_n$ 都可以用它们来线性表示). 假如 $\boldsymbol{L}$ 的秩是 n 的话，那么，$y_1,y_2,\cdots,y_n$ 既是线性无关的，因此也组成基底，所以 $x_1,x_2,\cdots,x_n$ 可以用 $y_1,y_2,\cdots,y_n$ 来线性表示. 假如 $\boldsymbol{L}$ 的秩小于 n，那么 $y_1,y_2,\cdots,y_n$ 彼此是线性相关的，因此 $x_1,x_2,\cdots,x_n$ 就不能用 $y_1,y_2,\cdots,y_n$ 来线性表示，否则 $x_1,x_2,\cdots,x_n$ 就可以用少于 n 个的函数(就是用 $y_1,y_2,\cdots,y_n$ 的基底)来线性表示，那就得出 $x_1,x_2,\cdots,x_n$ 是线性相关的了.

通常，所给出的线性变换不是新变量 $y_1,y_2,\cdots,y_n$ 用旧变量 $x_1,x_2,\cdots,x_n$ 来线性表示的矩阵 $\boldsymbol{L}$，而是 $x_1,x_2,\cdots,x_n$ 用 $y_1,y_2,\cdots,y_n$ 来线性表示的矩阵 $\boldsymbol{M}$. 矩阵 $\boldsymbol{L}$ 与 $\boldsymbol{M}$ 之间的联系是明显的. 假如首先将 $x_1,x_2,\cdots,x_n$ 用 $y_1,y_2,\cdots,y_n$ 来表示，然后这些 $y_1,y_2,\cdots,y_n$ 又用 $x_1,x_2,\cdots,x_n$ 来表示，那么所得的结果是 $x_1,x_2,\cdots,x_n$ 用它们自己来线性表示. 在 $x_1,x_2,\cdots,x_n$ 线性无关的情形下，这样的表示方法是唯一的，那就是恒等表示，$x_1=x_1,x_2=x_2,\cdots,x_n=x_n$. 用矩阵乘积的术语，那就表示 $\boldsymbol{LM}$ 等于单位矩阵 $\boldsymbol{E}$. 同样的 $\boldsymbol{ML}=\boldsymbol{E}$，也就是说 $\boldsymbol{L}$ 与 $\boldsymbol{M}$ 互为逆矩阵. 每一个非奇异方阵有逆矩阵，由此推出，每一个 n 阶非奇异方阵 $\boldsymbol{M}$ 决定了将 $x_1,x_2,\cdots,x_n$ 变为某一组新变量的一个线性变换，这一组新变量用 $x_1,x_2,\cdots,x_n$ 来线性表示的矩阵是 $\boldsymbol{L}=\boldsymbol{M}^{-1}$，而 $x_1,x_2,\cdots,x_n$ 用这一组新变量来线性表示的矩阵是 $\boldsymbol{M}$.

假如矩阵 $\boldsymbol{M}$ 是奇异矩阵的话，那么不可能存在这

样的 $y_1,y_2,\cdots,y_n$，使通过它们用矩阵 $\boldsymbol{M}$ 来线性表示线性无关的 $x_1,x_2,\cdots,x_n$.

最便于研究的二次型是这样的，它是具有任何系数的各变量平方之和，而不同变量之乘积的那些项不出现，也就是说这些项以零为系数.

下面我们要指出，利用变量之相应的线性变换，任一个二次型可以变到那种形状上来. 这个结果使我们联想起关于二次曲线(或二次曲面)方程简化的问题. 实际上这是同一个问题. 然而，在这个问题的提法上有一个本质的区别. 在这里我们是允许任意线性变换的，可是在解析几何里所谓的变换是指坐标系统的旋转. 这种变换可看作变量的线性变换的一个特殊情形. 但绝不是每一个线性变换(在 $n=2$ 或 3 时)都可以当作坐标系统的旋转.

在证明上面所说的定理之前，我们先来证明一个预备定理.

预备定理　利用变量 $x_1,x_2,\cdots,x_n$ 到变量 $y_1,y_2,\cdots,y_n$ 的线性变换，可以把二次型 $F(x_1,x_2,\cdots,x_n)$ 变到 y_1^2 的系数不等于零的二次型 $\Phi(y_1,y_2,\cdots,y_n)$.

证明　假如在 $F(x_1,x_2,\cdots,x_n)$ 中有一个变量 x_i 的平方项的系数不等于零，那么可以取下列的变换作为相应的线性变换

$$
\begin{gathered}
y_1=x_i\\
y_2=x_2\\
\vdots\\
y_{i-1}=x_{i-1}\\
y_i=x_1\\
\vdots
\end{gathered}
$$

$$y_n = x_n$$

假如在 $F(x_1, x_2, \cdots, x_n)$ 中所有变量 x_i 的平方项的系数都等于零，而 $x_i x_j$ 的系数不等于零(系数中间总该有某一个不为零的)，那么可以取下列的变换作为所要求的线性变换

$$\begin{aligned}
&y_1 = x_i + x_j; && x_1 = y_i \\
&y_2 = x_i - x_j; && x_2 = y_j \\
&y_3 = x_3; && x_3 = y_3 \\
&y_4 = x_4; && x_4 = y_4 \\
&\quad\vdots && \quad\vdots \\
&y_i = x_1; && x_i = \frac{1}{2}y_1 + \frac{1}{2}y_2 \\
&\quad\vdots && \quad\vdots \\
&y_j = x_2; && x_j = \frac{1}{2}y_1 - \frac{1}{2}y_2 \\
&\quad\vdots && \quad\vdots \\
&y_n = x_n; && x_n = y_n
\end{aligned}$$

这种变换的结果，项 $ax_i x_j (a \neq 0)$ 变为

$$a\left(\frac{1}{2}y_1 + \frac{1}{2}y_2\right)\left(\frac{1}{2}y_1 - \frac{1}{2}y_2\right) = \frac{a}{4}y_1^2 - \frac{a}{4}y_2^2$$

y_1^2 的系数已经是不等于零了. 而且，当我们写出其他项时，这个系数也不会被消去，因为其他的项显然是没有一个会含有 y_1^2 的.

现在我们来讲上面说过的基本定理.

定理 2(关于化二次型为标准形式的定理) 任一二次型用适当的变量之线性变换总可以变到下列形式的二次型

$$b_1 y_1^2 + b_2 y_2^2 + \cdots + b_n y_n^2$$①

证明　我们用关于变量个数 n 的数学归纳法来证这个定理. 假如 $n=1$，那么二次型已经是所要求的形式 $a_1x_1^2$ 了，假设定理对于变量个数少于 n 的所有二次型完全正确. 考虑 n 个变量的二次型

$$\begin{aligned}F(x_1,x_2,\cdots,x_n)= & a_{11}x_1^2+a_{12}x_1x_2+\cdots+a_{1n}x_1x_n+\\ & a_{22}x_2^2+\cdots+a_{2n}x_2x_n+\cdots+\\ & a_{nn}x_n^2\end{aligned}$$

把不含有 x_1 的项之和记作 $\Phi(x_2,x_3,\cdots,x_n)$. 由于之前的预备定理，不妨设 x_1^2 的系数 a_{11} 不等于零. 令

$$y_1=a_{11}x_1+\frac{a_{12}}{2}x_2+\frac{a_{13}}{2}x_3+\cdots+\frac{a_{1n}}{2}x_n$$

进行下列的恒等变换

$$\begin{aligned}&F(x_1,x_2,\cdots,x_n)=\\ &\frac{1}{a_{11}}y_1^2+F(x_1,x_2,\cdots,x_n)-\frac{1}{a_{11}}y_1^2=\\ &\frac{1}{a_{11}}y_1^2+a_{11}x_1^2+a_{12}x_1x_2+\cdots+\\ &a_{1n}x_1x_n+\Phi(x_2,x_3,\cdots,x_n)-\\ &\frac{1}{a_{11}}\left(a_{11}x_1+\frac{a_{12}}{2}x_2+\frac{a_{13}}{2}x_3+\cdots+\frac{a_{1n}}{2}x_n\right)^2=\\ &\frac{1}{a_{11}}y_1^2+\Psi(x_2,x_3,\cdots,x_n)\end{aligned}$$

其中 $\Phi(x_2,x_3,\cdots,x_n)$ 及 $\Psi(x_2,x_3,\cdots,x_n)$ 表示与 $x_2,x_3,\cdots,x_n$ 有关而不含 x_1 的这种项的和. 因此，

① 将二次型给成这样的形式，叫作将它给成标准型. 因而，将这样的形式变换为二次型叫作化为标准型. 以后我们不用这些术语，认为上述的定理名称是专门的名称.

$\Psi(x_2,x_3,\cdots,x_n)$是$n-1$个变量$x_2,x_3,\cdots,x_n$的二次型. 按照归纳法的假设,可找到一组变量$y_2,y_3,\cdots,y_n$,它们可以用$x_2,x_3,\cdots,x_n$来线性表示,而它们自己又可以用来线性表示$x_2,x_3,\cdots,x_n$,使

$$\Psi(x_2,x_3,\cdots,x_n)=b_2y_2^2+b_3y_3^2+\cdots+b_ny_n^2$$

因此,对于原来的二次型,我们有

$$F(x_1,x_2,\cdots,x_n)=\frac{1}{a_{11}}y_1^2+b_2y_2^2+\cdots+b_ny_n^2$$

同时$y_1,y_2,\cdots,y_n$是可以用$x_1,x_2,\cdots,x_n$线性表示的(对于y_1的适当的线性表示式已经在y_1的定义中给出了). 至于说$x_1,x_2,\cdots,x_n$,那么首先有

$$x_1=\frac{1}{a_{11}}y_1-\frac{a_{12}}{2a_{11}}x_2-\frac{a_{13}}{2a_{11}}x_3-\cdots-\frac{a_{1n}}{2a_{11}}x_n$$

其次,因为所有的$x_2,x_3,\cdots,x_n$都可以用$y_2,y_3,\cdots,y_n$来线性表示,所以得到$x_1,x_2,\cdots,x_n$中的每一个都可以用$y_1,y_2,\cdots,y_n$来线性表示.

用变量的线性变换来简化二次型,还可以用下列方式继续下去. 二次型

$$b_1y_1^2+b_2y_2^2+\cdots+b_ny_n^2$$

可以用下列线性变换来简化

$$\begin{cases}z_i=\sqrt{b_i}\,y_i(\text{对 } b_i\neq 0)\\ z_j=y_j(\text{对 } b_j=0)\end{cases}\quad (i,j=1,2,\cdots,n)$$

显然,我们得到二次型

$$\varepsilon_1z_1^2+\varepsilon_2z_2^2+\cdots+\varepsilon_nz_n^2$$

其中系数$\varepsilon_1,\varepsilon_2,\cdots,\varepsilon_n$等于1或者0.

还可以进行变量指标的改记,那也还是线性变换

$$t_1=z_{i_1}$$

$$t_2=z_{i_2}$$

$$\vdots$$

$$t_n = z_{i_n}$$

这样的改记指标，使所得到的变量 $t_1, t_2, \cdots, t_n$ 的二次型中，它的前面一部分的平方项系数全等于 1，而后面的全是 0. 因此，我们的二次型成为

$$t_1^2 + t_2^2 + \cdots + t_r^2 \quad (r \leqslant n)$$

在上节中所讨论的关于进一步化简二次型的问题，并不是无缘无故的把它划在定理 2 的范围之外的. 实际上，分析一下定理 2 的证明，我们能够发现有可能把定理的表述写得更精确. 可以看到，$y_1, y_2, \cdots, y_n$ 用 $x_1, x_2, \cdots, x_n$ 来线性表示的系数及 $x_1, x_2, \cdots, x_n$ 用 $y_1, y_2, \cdots, y_n$ 来线性表示的系数都可以从二次型的系数及有理数经过加、减、乘、除的运算而得到. 因此，假如原来的二次型中所有系数都是实数，那么，变换后的二次型的系数及适当的变量的线性变换的系数都将是实数. 假如原来二次型的系数是有理数，那么上面所指的那些系数也将都是有理数. 一般地说，熟悉数域概念的读者，就能更精确地表述定理 2，这就是要断定：假如原来二次型的系数全部属于某一个数域 Ω，那么，这个二次型一定可以变换为定理 2 所讨论的那种二次型，而相应的线性变换的系数也全属于 Ω，而且适当的变量的线性变换的系数也都属于 Ω.

当然，上面所作的结论不能推广到所有的类型上去，因为一个属于数域 Ω 的数，它的平方根不一定属于 Ω.

应该注意，在证明定理 2 的过程中，所用的方法，对实际应用是非常有用的. 所有被应用的变换都是实际可行的. 下面的事实相当于证明的归纳性质，即从被变换的二次型中，相继地分离出新变量的平方项来，而

且其余部分是含有较少变量的二次型.这样继续做下去,一直到其余部分消失掉为止.那时候就得到了所要求的形式.

例 1 讨论二次型

$$F=4x_1x_2+4x_1x_3+x_1x_4$$

解 因为所有变量平方项的系数全等于零,因此要把这个二次型化到平方项之和,首先必须引用预备定理的变量的线性变换

$$y_1=x_1+x_2; \quad x_1=\frac{1}{2}y_1+\frac{1}{2}y_2$$

$$y_2=x_1-x_2; \quad x_2=\frac{1}{2}y_1-\frac{1}{2}y_2$$

$$y_3=x_3; \quad x_3=y_3$$

$$y_4=x_4; \quad x_4=y_4$$

$$F=y_1^2-y_2^2+2y_1y_3+2y_2y_3+\frac{1}{2}y_1y_4+\frac{1}{2}y_2y_4$$

现在必须用定理 2 的方法引入新变量

$$z_1=y_1+y_3+\frac{1}{4}y_4$$

$$F=z_1^2+y_1^2-y_2^2+2y_1y_3+2y_2y_3+\frac{1}{2}y_1y_4+\frac{1}{2}y_2y_4-\left(y_1+y_3+\frac{1}{4}y_4\right)^2=$$

$$z_1^2-y_2^2+2y_2y_3+\frac{1}{2}y_2y_4-y_3^2-\frac{1}{2}y_3y_4-\frac{1}{16}y_4^2$$

除掉 z_1^2 项,其他所有各项之总体就是三个变量的二次型.对于它(三个变数的二次型)引用适当的变换.引入新的变量

$$z_2=-y_2+y_3+\frac{1}{4}y_4$$

$$F=z_1^2-z_2^2-y_2^2+2y_2y_3+\frac{1}{2}y_2y_4-y_3^2-\frac{1}{2}y_3y_4-\frac{1}{16}y_4^2+\left(-y_2+y_3+\frac{1}{4}y_4\right)^2=z_1^2-z_2^2$$

我们得到了所要求二次型的表示式.小结一下以上的讨论,我们可以指出,用了变量 x_1,x_2,x_3,x_4 转为新变量的线性变换

$$z_1=x_1+x_2+x_3+\frac{1}{4}x_4$$

$$z_2=-x_1+x_2+x_3+\frac{1}{4}x_4$$

$$z_3=x_3$$

$$z_4=x_4$$

(记号 z_3 及 z_4 的引入只是为了记法的完备性),把我们的二次型变到二次型

$$F=z_1^2-z_2^2$$

假如容许进行带非实数系数的线性变换

$$t_1=z_1$$

$$t_2=\mathrm{i}z_2$$

$$t_3=z_3$$

$$t_4=z_4$$

那么我们可以将二次型表示为系数等于 1 的两个平方和的形式

$$F=t_1^2+t_2^2$$

§2 实二次型

实二次型，也就是带实系数的二次型，值得特别注意. 从定理 2 可以得出，应用带实系数的线性变换可以把每一个实二次型变为下列形式的二次型

$$b_1y_1^2+b_2y_2^2+\cdots+b_ny_n^2$$

其中所有的 $b_1,b_2,\cdots,b_n$ 也都是实数. 再作进一步的以实数为系数的线性变换

$$\begin{cases} w_i=\sqrt{b_i}\,y_i(\text{对 } b_i>0) \\ w_j=\sqrt{-b_j}\,y_j(\text{对 } b_j<0) \\ w_k=y_k(\text{对 } b_k=0) \end{cases} \quad (i,j,k=1,2,\cdots,n)$$

结果得到实二次型

$$\eta_1w_1^2+\eta_2w_2^2+\cdots+\eta_nw_n^2$$

其中系数 $\eta_1,\eta_2,\cdots,\eta_n$ 等于 1，-1 或 0. 然后把变量的指标适当的改记

$$u_1=w_{i_1}$$
$$u_2=w_{i_2}$$
$$\vdots$$
$$u_n=w_{i_n}$$

适当的使前面一些平方的系数都是 $+1$，后面平方的系数是 -1，最后一些平方的系数都是 0，这样也是一个线性变换.

因此，由于变量 $x_1,x_2,\cdots,x_n$ 到变量 $u_1,u_2,\cdots,u_n$ 的线性变换，二次型 $F(x_1,x_2,\cdots,x_n)$ 变成了下列形式的二次型

$$u_1^2+u_2^2+\cdots+u_p^2-u_{p+1}^2-\cdots-u_{p+q}^2 \quad (p+q\leqslant n)$$

将实二次型变到上述形式的变换，可以说明二次型的各种性质. 作为最简单的例子，我们来说明，实二次型在变量取各种实数值时它将得出怎样的数值.

假如二次型 $F(x_1,x_2,\cdots,x_n)$ 变到

$$u_1^2+u_2^2+\cdots+u_p^2$$

在这里没有系数等于 -1 的平方项. 那么，显然不管变量的值为怎样的实数，$F(x_1,x_2,\cdots,x_n)$ 总不可能取负值，然而它可以取任何非负值.

假如 $F(x_1,x_2,\cdots,x_n)$ 变到

$$-u_1^2-u_2^2-\cdots-u_q^2$$

那么不管变量的值为怎样的实数，$F(x_1,x_2,\cdots,x_n)$ 总不可能取正值，然而它可以取任何非正值.

假如 $F(x_1,x_2,\cdots,x_n)$ 变到

$$u_1^2+u_2^2+\cdots+u_p^2-u_{p+1}^2-\cdots-u_{p+q}^2$$

而且 $p\neq 0,q\neq 0$. 那么显然，$F(x_1,x_2,\cdots,x_n)$ 可以取任何实数值.

同一个实二次型一般来说可以用各种不同的线性变换变成我们所指出的最简单的形式. 然而，可以看出，同一个二次型的各种变换后的形式，在它们之间有着某种方式的联系. 例如，同一个实二次型不可能既可以变为

$$u_1^2+u_2^2+\cdots+u_p^2$$

又可以变为

$$-v_1^2-v_2^2-\cdots-v_q^2$$

实际上，原来二次型变成前文所指的形式的可能性与二次型可以取哪些数值有关，也就是与二次型本身所决定的性质（这个性质对于变量的线性变换是不变的）有关. 我们可以很自然地提出这样的问题：同一个实二

次型经过各种不同的实线性变换变到各种最简单的形式，在这些最简单的形式之间究竟有如何程度的联系？下面引入的定理给出了这个问题的回答，这个定理有一个初看好像有些奇怪的名字“二次型的惯性定律”.

定理 3(二次型的惯性定律) 假设实二次型 $F(x_1,x_2,\cdots,x_n)$ 用两个实线性变换变成下列两种形式的二次型

$$F(x_1,x_2,\cdots,x_n)=u_1^2+u_2^2+\cdots+u_p^2-u_{p+1}^2-\cdots-u_{p+q}^2$$

$$F(x_1,x_2,\cdots,x_n)=v_1^2+v_2^2+\cdots+v_{\bar{p}}^2-v_{\bar{p}+1}^2-\cdots-v_{\bar{p}+\bar{q}}^2$$

那么，$p=\bar{p}$. 也就是说在这两种形式中，正项的个数与负项的个数都是一样的，同时，$q=\bar{q}$，即在两种形式中负项的个数也是一样的.

证明 假设 $p\neq\bar{p}$，而且 p 是两个数中较大的一个，即 $p>\bar{p}$. 下面我们可以证明这样的假设会引出矛盾. 变量 u_i 及 v_j 都可以用原来变量 $x_1,x_2,\cdots,x_n$ 来线性表示，而且线性表示的系数都是实数

$$u_i=\lambda_{i1}x_1+\lambda_{i2}x_2+\cdots+\lambda_{in}x_n \quad (i=1,2,\cdots,n)$$

$$v_j=\nu_{j1}x_1+\nu_{j2}x_2+\cdots+\nu_{jn}x_n \quad (j=1,2,\cdots,n)$$

考虑齐次线性方程组

$$\begin{gathered}
\lambda_{p+1,1}x_1+\lambda_{p+1,2}x_2+\cdots+\lambda_{p+1,n}x_n=0\\
\lambda_{p+2,1}x_1+\lambda_{p+2,2}x_2+\cdots+\lambda_{p+2,n}x_n=0\\
\vdots\\
\lambda_{n1}x_1+\lambda_{n2}x_2+\cdots+\lambda_{nn}x_n=0\\
\nu_{11}x_1+\nu_{12}x_2+\cdots+\nu_{1n}x_n=0\\
\nu_{21}x_1+\nu_{22}x_2+\cdots+\nu_{2n}x_n=0\\
\vdots
\end{gathered}$$

$$\nu_{\bar{p}1}x_1+\nu_{\bar{p}2}x_2+\cdots+\nu_{\bar{p}n}x_n=0$$

因为 $p>\bar{p}$,而方程的个数等于

$$(n-p)+\bar{p}$$

所以未知量的个数 n 超过方程的个数.因此,这个齐次线性方程组可以有一组不全为零的解 $x_1^*,x_2^*,\cdots,x_n^*$,而且是实数.

用 u_i^* 及 v_j^* 表示当 $x_1,x_2,\cdots,x_n$ 相应地取值 $x_1^*,x_2^*,\cdots,x_n^*$ 时 u_i 及 v_j 所取的值.

因为 $x_1^*,x_2^*,\cdots,x_n^*$ 为刚才所说的那一线性方程组的解,所以这就表示

$$u_{p+1}^*=u_{p+2}^*=\cdots=u_n^*=v_1^*=v_2^*=\cdots=v_{\bar{p}}^*=0$$

因此得出 $F(x_1^*,x_2^*,\cdots,x_n^*)$ 的数值是

$$u_1^{*2}+u_2^{*2}+\cdots+u_p^{*2}=-v_{\bar{p}+1}^{*2}-v_{\bar{p}+2}^{*2}-\cdots-v_{\bar{p}+\bar{q}}^{*2}$$

这个等式只有在

$$u_1^*=u_2^*=\cdots=u_p^*=v_{\bar{p}+1}^*=v_{\bar{p}+2}^*=\cdots=v_{\bar{p}+\bar{q}}^*=0$$

时才是可能的.现在我们来考虑一下 $x_1,x_2,\cdots,x_n$ 用 $u_1,u_2,\cdots,u_n$ 来线性表示的式子(按照线性变换的定义,这是存在的)

$$x_k=\mu_{k1}u_1+\mu_{k2}u_2+\cdots+\mu_{kn}u_n\quad(k=1,2,\cdots,n)$$

用其通过 $x_1,x_2,\cdots,x_n$ 来线性表示 u_i 的式子代替 u_i,然后再使 $x_1=x_1^*,x_2=x_2^*,\cdots,x_n=x_n^*$,得到

$$x_k^*=\mu_{k1}u_1^*+\mu_{k2}u_2^*+\cdots+\mu_{kn}u_n^*\quad(k=1,2,\cdots,n)$$

上面我们曾经指出所有 $u_1^*,u_2^*,\cdots,u_n^*$ 都等于零,因此 $x_k^*=0(k=1,2,\cdots,n)$,这与 $x_1^*,x_2^*,\cdots,x_n^*$ 原来选取的情形是矛盾的,因为当初选取 $x_1^*,x_2^*,\cdots,x_n^*$ 是不全为零的.因此 $p\neq\bar{p}$ 的假设引出了矛盾.

要证明 $q=\bar{q}$ 可以引用与证明 $p=\bar{p}$ 时完全类似的

讨论.然而我们也可以用另一方法来证明.考虑二次型 $-F(x_1,x_2,\cdots,x_n)$.它在同样的线性变换下变到

$$-F(x_1,x_2,\cdots,x_n)=-u_1^2-u_2^2-\cdots-u_p^2+u_{p+1}^2+u_{p+2}^2+\cdots+u_{p+q}^2$$

$$-F(x_1,x_2,\cdots,x_n)=-v_1^2-v_2^2-\cdots-v_{\bar{p}}^2+v_{\bar{p}+1}^2+v_{\bar{p}+2}^2+\cdots+v_{\bar{p}+\bar{q}}^2$$

这里 q 及 $\bar{q}$ 都表示正项的个数,因此把上面已证得的结果应用在 $-F(x_1,x_2,\cdots,x_n)$ 上即得 $q=\bar{q}$.

§3　在线性变换下二次型之矩阵的变换

在前面两节里我们熟悉了二次型的初步性质,现在我们利用矩阵这个工具来进一步研究.在这一节里我们要讨论该方法的某些原始的情况.

设 $\boldsymbol{A}$ 是任一矩阵

$$\boldsymbol{A}=\begin{pmatrix} a_{11} & a_{12} & \cdots & a_{1n} \\ a_{21} & a_{22} & \cdots & a_{2n} \\ \vdots & \vdots & & \vdots \\ a_{m1} & a_{m2} & \cdots & a_{mn} \end{pmatrix}$$

在矩阵 $\boldsymbol{A}$ 中把所有的行变成同序数的列,我们得到新的矩阵

$$\boldsymbol{A}^{\mathrm{T}}=\begin{pmatrix} a_{11} & a_{21} & \cdots & a_{m1} \\ a_{12} & a_{22} & \cdots & a_{m2} \\ \vdots & \vdots & & \vdots \\ a_{1n} & a_{2n} & \cdots & a_{mn} \end{pmatrix}$$

这个矩阵称为 $\boldsymbol{A}$ 的转置矩阵.显然,$(\boldsymbol{A}^{\mathrm{T}})^{\mathrm{T}}=\boldsymbol{A}$.

假如 $\boldsymbol{A}=\boldsymbol{A}^{\mathrm{T}}$，那么矩阵 $\boldsymbol{A}$ 称为对称矩阵（显然，在这个情形下 $\boldsymbol{A}$ 是方阵，它的元素关于主对角线是对称的）.

我们来指出转置矩阵的一个性质.

矩阵乘积的转置性质　假如矩阵 $\boldsymbol{A}$ 与 $\boldsymbol{B}$ 有乘积 $\boldsymbol{AB}$，那么

$$(\boldsymbol{AB})^{\mathrm{T}}=\boldsymbol{B}^{\mathrm{T}}\cdot\boldsymbol{A}^{\mathrm{T}}$$

证明　按照矩阵乘法的定义，矩阵 $\boldsymbol{AB}$ 的第 i 行第 j 列元素等于

$$a_{i1}b_{1j}+a_{i2}b_{2j}+\cdots+a_{in}b_{nj}$$

所以矩阵 $(\boldsymbol{AB})^{\mathrm{T}}$ 的第 j 行第 i 列的元素等于

$$c_{ji}=a_{i1}b_{1j}+a_{i2}b_{2j}+\cdots+a_{in}b_{nj}$$

而矩阵 $\boldsymbol{B}^{\mathrm{T}}\boldsymbol{A}^{\mathrm{T}}$ 的第 j 行第 i 列的元素等于

$$d_{ji}=b_{1j}a_{i1}+b_{2j}a_{i2}+\cdots+b_{nj}a_{in}$$

（因为 $\boldsymbol{A}^{\mathrm{T}}$ 中第 l 行第 k 列的元素是 a_{kl}，对 $\boldsymbol{B}^{\mathrm{T}}$ 也是同样的）.

因为对于所有数 j 与 i 都证实了 $c_{ji}=d_{ji}$，所以

$$(\boldsymbol{AB})^{\mathrm{T}}=\boldsymbol{B}^{\mathrm{T}}\boldsymbol{A}^{\mathrm{T}}$$

从矩阵的加法与乘法定义本身（也同样从它们的逆运算减法与除法）得出，在一阶方阵（由一个元素所组成的矩阵）上施行这些运算就像在组成这个方阵的那些数上施行运算一样

$$(a)+(b)=(a+b)$$

$$(a)\cdot(b)=(ab)$$

所以通常把一阶方阵与作为它唯一元素的那个数同等看待.

引用上节中所指出的结果，我们可以把任意一个二次型

$$F = a_{11}x_1^2 + a_{12}x_1x_2 + \cdots + a_{1n}x_1x_n +$$
$$a_{22}x_2^2 + \cdots + \quad a_{2n}x_2x_n + \cdots +$$
$$a_{nn}x_n^2$$

改写成下面三个矩阵的乘积

$$F = \begin{pmatrix} x_1 \\ x_2 \\ \vdots \\ x_n \end{pmatrix}^{\mathrm{T}} \begin{pmatrix} a_{11} & \frac{a_{12}}{2} & \cdots & \frac{a_{1n}}{2} \\ \frac{a_{12}}{2} & a_{22} & \cdots & \frac{a_{2n}}{2} \\ \vdots & \vdots & & \vdots \\ \frac{a_{1n}}{2} & \frac{a_{2n}}{2} & \cdots & a_{nn} \end{pmatrix} \begin{pmatrix} x_1 \\ x_2 \\ \vdots \\ x_n \end{pmatrix}$$

实际上，前两个矩阵

$$\boldsymbol{X}^{\mathrm{T}} = (x_1 \quad x_2 \quad \cdots \quad x_n)$$

$$\boldsymbol{A} = \begin{pmatrix} a_{11} & \frac{a_{12}}{2} & \cdots & \frac{a_{1n}}{2} \\ \frac{a_{12}}{2} & a_{22} & \cdots & \frac{a_{2n}}{2} \\ \vdots & \vdots & & \vdots \\ \frac{a_{1n}}{2} & \frac{a_{2n}}{2} & \cdots & a_{nn} \end{pmatrix}$$

的乘积是

$$\boldsymbol{X}^{\mathrm{T}}\boldsymbol{A} = \begin{pmatrix} a_{11}x_1 + \frac{a_{12}}{2}x_2 + \cdots + \frac{a_{1n}}{2}x_n \\ \frac{a_{12}}{2}x_1 + a_{22}x_2 + \cdots + \frac{a_{2n}}{2}x_n \\ \vdots \\ \frac{a_{1n}}{2}x_1 + \frac{a_{2n}}{2}x_2 + \cdots + a_{nn}x_n \end{pmatrix}^{\mathrm{T}}$$

然后再乘上矩阵 $\boldsymbol{X}$，就得到

$$\boldsymbol{X}^{\mathrm{T}}\boldsymbol{A}\boldsymbol{X} = a_{11}x_1^2 + \frac{a_{12}}{2}x_1x_2 + \cdots + \frac{a_{1n}}{2}x_1x_n +$$

$$\frac{a_{12}}{2}x_1x_2+a_{22}x_2^2+\cdots+\frac{a_{2n}}{2}x_2x_n+\cdots+$$

$$\frac{a_{1n}}{2}x_1x_n+\frac{a_{2n}}{2}x_2x_n+\cdots+a_{nn}x_n^2=F$$

在这里矩阵 $\boldsymbol{A}$ 显然可以是任意的对称矩阵. 矩阵 $\boldsymbol{A}$ 称为二次型系数的矩阵或简称为二次型 F 的矩阵. 这个矩阵用下列形式完全决定了二次型 F

$$F=\boldsymbol{X}^{\mathrm{T}}\boldsymbol{A}\boldsymbol{X}$$

设有变量 $x_1,x_2,\cdots,x_n$ 到变量 $y_1,y_2,\cdots,y_n$ 的线性变换. 那么,按照定义,原变量可以用新变量来线性表示

$$\begin{gathered}x_1=\mu_{11}y_1+\mu_{12}y_2+\cdots+\mu_{1n}y_n\\x_2=\mu_{21}y_1+\mu_{22}y_2+\cdots+\mu_{2n}y_n\\\vdots\\x_n=\mu_{n1}y_1+\mu_{n2}y_2+\cdots+\mu_{nn}y_n\end{gathered}$$

在这里矩阵

$$\boldsymbol{M}=\begin{pmatrix}\mu_{11}&\mu_{12}&\cdots&\mu_{1n}\\\mu_{21}&\mu_{22}&\cdots&\mu_{2n}\\\vdots&\vdots&&\vdots\\\mu_{n1}&\mu_{n2}&\cdots&\mu_{nn}\end{pmatrix}$$

是非奇异的. 反之,每一个非奇异矩阵本身就决定了变量 $x_1,x_2,\cdots,x_n$ 转为某一组新变量的线性变换,而 $x_1,x_2,\cdots,x_n$ 用新变量来线性表示的式子,它的系数就是矩阵 $\boldsymbol{M}$ 的元素.

从所指出的用 $y_1,y_2,\cdots,y_n$ 来线性表示 $x_1,x_2,\cdots,x_n$ 的式子中得到

$$\boldsymbol{X}=\boldsymbol{M}\boldsymbol{Y}$$

其中

$$X=\begin{pmatrix}x_1\\x_2\\\vdots\\x_n\end{pmatrix},Y=\begin{pmatrix}y_1\\y_2\\\vdots\\y_n\end{pmatrix}$$

设变量 $x_1,x_2,\cdots,x_n$ 的二次型 F 是利用对称矩阵 $\boldsymbol{A}$ 给出的

$$F=\boldsymbol{X}^{\mathrm{T}}\boldsymbol{AX}$$

由于矩阵 $\boldsymbol{M}$ 是所决定的变量 $x_1,x_2,\cdots,x_n$ 到变量 $y_1,y_2,\cdots,y_n$ 的线性变换，我们得到

$$\boldsymbol{X}=\boldsymbol{MY}$$

$$\boldsymbol{X}^{\mathrm{T}}=\boldsymbol{Y}^{\mathrm{T}}\boldsymbol{M}^{\mathrm{T}}$$

因此 $$F=\boldsymbol{Y}^{\mathrm{T}}\boldsymbol{M}^{\mathrm{T}}\boldsymbol{AMY}$$

所以变换后的二次型(也就是二次型 F 被表示成变量 $y_1,y_2,\cdots,y_n$ 的二次型的形式) 的矩阵是

$$\boldsymbol{B}=\boldsymbol{M}^{\mathrm{T}}\boldsymbol{AM}$$

这也是个对称矩阵，因为

$$\boldsymbol{B}^{\mathrm{T}}=(\boldsymbol{M}^{\mathrm{T}}\boldsymbol{AM})^{\mathrm{T}}=\boldsymbol{M}^{\mathrm{T}}\boldsymbol{A}^{\mathrm{T}}(\boldsymbol{M}^{\mathrm{T}})^{\mathrm{T}}=\boldsymbol{M}^{\mathrm{T}}\boldsymbol{AM}=\boldsymbol{B}$$

我们可以用下列方法来说明定理 2 中的基本结果.

对于每一个对称矩阵 $\boldsymbol{A}$，我们可以求得一个与 $\boldsymbol{A}$ 同一阶数的非奇异矩阵 $\boldsymbol{M}$，使得

$$\boldsymbol{M}^{\mathrm{T}}\boldsymbol{AM}=\begin{pmatrix}1&0&\cdots&0&0&\cdots&0\\0&1&\cdots&0&0&\cdots&0\\\vdots&\vdots&&\vdots&\vdots&&\vdots\\0&0&\cdots&1&0&\cdots&0\\0&0&\cdots&0&0&\cdots&0\\\vdots&\vdots&&\vdots&\vdots&&\vdots\\0&0&\cdots&0&0&\cdots&0\end{pmatrix}$$

假如 $\boldsymbol{A}$ 的元素是实数，而且我们限制 $\boldsymbol{M}$ 的元素也只是实数，那么我们可以求得这样的实矩阵 $\boldsymbol{M}$ 使得

$$\boldsymbol{M}^{\mathrm{T}}\boldsymbol{A}\boldsymbol{M}=\begin{pmatrix}1&0&\cdots&0&0&\cdots&0&0&\cdots&0\\0&1&\cdots&0&0&\cdots&0&0&\cdots&0\\\vdots&\vdots&&\vdots&\vdots&&\vdots&\vdots&&\vdots\\0&0&\cdots&1&0&\cdots&0&0&\cdots&0\\0&0&\cdots&0&-1&\cdots&0&0&\cdots&0\\\vdots&\vdots&&\vdots&\vdots&&\vdots&\vdots&&\vdots\\0&0&\cdots&0&0&\cdots&-1&0&\cdots&0\\0&0&\cdots&0&0&\cdots&0&0&\cdots&0\\\vdots&\vdots&&\vdots&\vdots&&\vdots&\vdots&&\vdots\\0&0&\cdots&0&0&\cdots&0&0&\cdots&0\end{pmatrix}$$

这个结果也可以直接从解矩阵 $\boldsymbol{M}$ 来得到.

§4　正交变换

有下列性质的线性变换起着特殊的作用. 设有一个由实矩阵 $\boldsymbol{M}$ 所决定的变量 $x_1,x_2,\cdots,x_n$ 到变量 $y_1,y_2,\cdots,y_n$ 的线性变换，而 $\boldsymbol{M}$ 又是由 $x_1,x_2,\cdots,x_n$ 到 $y_1,y_2,\cdots,y_n$ 的线性表示的系数 μ_{ij} 所组成的. 假如在这个变换的结果下，二次型

$$x_1^2+x_2^2+\cdots+x_n^2$$

变到二次型

$$y_1^2+y_2^2+\cdots+y_n^2$$

那么，这个变换本身就称为正交的，而它的矩阵 $\boldsymbol{M}$ 称为正交矩阵.

二次型

$$x_1^2+x_2^2+\cdots+x_n^2$$

的矩阵是单位矩阵

$$\boldsymbol{E}=\begin{pmatrix}1&0&\cdots&0\\0&1&\cdots&0\\\vdots&\vdots&&\vdots\\0&0&\cdots&1\end{pmatrix}$$

用正交矩阵 $\boldsymbol{M}$ 变换后的二次型的矩阵也应该是矩阵 $\boldsymbol{E}$，所以实矩阵 $\boldsymbol{M}$ 的正交性的条件可以用下列等式来表示

$$\boldsymbol{M}^{\mathrm{T}}\boldsymbol{E}\boldsymbol{M}=\boldsymbol{E}$$

而 $\boldsymbol{E}\boldsymbol{M}=\boldsymbol{M}$. 因此，这个条件可以表示为

$$\boldsymbol{M}^{\mathrm{T}}\boldsymbol{M}=\boldsymbol{E}$$

矩阵 $\boldsymbol{M}$ 是非奇异的，它的逆矩阵为 $\boldsymbol{M}^{-1}$. 所以，在这个等式的两边都在右边乘上 $\boldsymbol{M}^{-1}$，即得正交性的条件

$$\boldsymbol{M}^{\mathrm{T}}=\boldsymbol{M}^{-1}$$

乘积 $\boldsymbol{M}^{\mathrm{T}}\boldsymbol{M}$ 等于单位矩阵 $\boldsymbol{E}$，这表示

$$\mu_{1i}\mu_{1j}+\mu_{2i}\mu_{2j}+\cdots+\mu_{ni}\mu_{nj}=0$$
$$(i,j=1,2,\cdots,n;i\neq j)$$
$$\mu_{1i}^2+\mu_{2i}^2+\cdots+\mu_{ni}^2=1$$
$$(i=1,2,\cdots,n)$$

因为 $\boldsymbol{M}^{\mathrm{T}}=\boldsymbol{M}^{-1}$，所以有 $\boldsymbol{M}\boldsymbol{M}^{\mathrm{T}}=\boldsymbol{E}$，这表示

$$\mu_{i1}\mu_{j1}+\mu_{i2}\mu_{j2}+\cdots+\mu_{in}\mu_{jn}=0$$
$$(i,j=1,2,\cdots,n;i\neq j)$$
$$\mu_{i1}^2+\mu_{i2}^2+\cdots+\mu_{in}^2=1$$
$$(i=1,2,\cdots,n)$$

例 2　说明下列矩阵是否是正交矩阵

$$M_1=\begin{pmatrix}\frac{1}{\sqrt{2}} & \frac{1}{\sqrt{2}} & 0 & 0\\ 0 & 0 & \frac{1}{\sqrt{2}} & \frac{1}{\sqrt{2}}\\ \frac{1}{2} & -\frac{1}{2} & \frac{1}{2} & -\frac{1}{2}\\ \frac{1}{2} & -\frac{1}{2} & -\frac{1}{2} & \frac{1}{2}\end{pmatrix}$$

$$M_2=\begin{pmatrix}1 & -\frac{1}{2} & \frac{1}{3}\\ -\frac{1}{2} & 1 & \frac{1}{2}\\ \frac{1}{3} & \frac{1}{2} & -1\end{pmatrix}$$

解　由

$$M_1^{\mathrm{T}}=\begin{pmatrix}\frac{1}{\sqrt{2}} & 0 & \frac{1}{2} & \frac{1}{2}\\ \frac{1}{\sqrt{2}} & 0 & -\frac{1}{2} & -\frac{1}{2}\\ 0 & \frac{1}{\sqrt{2}} & \frac{1}{2} & -\frac{1}{2}\\ 0 & \frac{1}{\sqrt{2}} & -\frac{1}{2} & \frac{1}{2}\end{pmatrix}$$

与 M_1 相乘得到

$$M_1^{\mathrm{T}}M_1=\begin{pmatrix}1 & 0 & 0 & 0\\ 0 & 1 & 0 & 0\\ 0 & 0 & 1 & 0\\ 0 & 0 & 0 & 1\end{pmatrix}=E$$

可以看出矩阵 M_1 是正交的. 关于矩阵 M_2，可以直接看出它不是一个正交矩阵.在正交矩阵里,每一列元素的平方之和等于1,然而在 $\boldsymbol{M}_2$ 中第一列元素的平方之和是

$$1^2+\left(-\frac{1}{2}\right)^2+\left(\frac{1}{3}\right)^2>1$$

同一阶数的两个正交矩阵的乘积仍旧是正交矩阵.实际上,假如

$$\boldsymbol{M}_1^{\mathrm{T}}\boldsymbol{M}_1=\boldsymbol{E}$$

$$\boldsymbol{M}_2^{\mathrm{T}}\boldsymbol{M}_2=\boldsymbol{E}$$

那么

$$(\boldsymbol{M}_1\boldsymbol{M}_2)^{\mathrm{T}}(\boldsymbol{M}_1\boldsymbol{M}_2)=\boldsymbol{M}_2^{\mathrm{T}}\boldsymbol{M}_1^{\mathrm{T}}\boldsymbol{M}_1\boldsymbol{M}_2=\boldsymbol{M}_2^{\mathrm{T}}\boldsymbol{E}\boldsymbol{M}_2=\boldsymbol{M}_2^{\mathrm{T}}\boldsymbol{M}_2=\boldsymbol{E}$$

正交矩阵 $\boldsymbol{M}$ 的转置矩阵 $\boldsymbol{M}^{\mathrm{T}}$ 也是正交矩阵,这是因为

$$(\boldsymbol{M}^{\mathrm{T}})^{\mathrm{T}}\boldsymbol{M}^{\mathrm{T}}=\boldsymbol{M}\boldsymbol{M}^{\mathrm{T}}=\boldsymbol{E}$$

设 $\boldsymbol{M}_1$ 与 $\boldsymbol{M}_2$ 为任意两个同阶数的正交矩阵.我们记

$$\boldsymbol{X}=\boldsymbol{M}_1^{\mathrm{T}}\boldsymbol{M}_2,\boldsymbol{Y}=\boldsymbol{M}_2\boldsymbol{M}_1^{\mathrm{T}}$$

按照上面所说的,矩阵 $\boldsymbol{X}$ 与 $\boldsymbol{Y}$ 都是正交矩阵.这些矩阵可作为 $\boldsymbol{M}_2$ 用 $\boldsymbol{M}_1$ 除(右边及左边)所得的结果

$$\boldsymbol{M}_1\boldsymbol{X}=\boldsymbol{M}_1\boldsymbol{M}_1^{\mathrm{T}}\boldsymbol{M}_2=\boldsymbol{E}\boldsymbol{M}_2=\boldsymbol{M}_2$$

$$\boldsymbol{Y}\boldsymbol{M}_1=\boldsymbol{M}_2\boldsymbol{M}_1^{\mathrm{T}}\boldsymbol{M}_1=\boldsymbol{M}_2\boldsymbol{E}=\boldsymbol{M}_2$$

这些所证得的关于正交矩阵的性质与矩阵乘积的结合性相配合,这就表示,所有同阶数的正交矩阵关于矩阵的乘法运算构成一个群.

正交矩阵的作用是紧密地联系着几何特性的.在平面或空间中引入笛氏坐标系统之后,我们可以把一对实数作为平面上的点,把三个数的一组实数作为空间中的点.

这样,平面上的几何是实数对的理论,空间中的几何是由三个实数所组成的数组的理论.因此,有理由(已经是其他性质的理由)去讨论所有由 n 个实数所组成的数列的集合.这种集合的性质在许多方面是与 $n=2$,$n=3$ 时的情形类似的,那也就是有"几何的特性"①的.在 $n=2$ 及 $n=3$ 时,表示作为两点间距离的量,在这里是重要特性之一.

非负实数

$$\rho=\sqrt{(\alpha_1-\beta_1)^2+(\alpha_2-\beta_2)^2+\cdots+(\alpha_n-\beta_n)^2}$$

称为两个实数列$(\alpha_1,\alpha_2,\cdots,\alpha_n)$及$(\beta_1,\beta_2,\cdots,\beta_n)$之间的距离,也可以用下列适当的形式来决定这个量.用数列 $\alpha_1,\alpha_2,\cdots,\alpha_n$ 及 $\beta_1,\beta_2,\cdots,\beta_n$ 组成两个单列矩阵

$$\boldsymbol{U}=\begin{pmatrix}\alpha_1\\ \alpha_2\\ \vdots\\ \alpha_n\end{pmatrix},\boldsymbol{V}=\begin{pmatrix}\beta_1\\ \beta_2\\ \vdots\\ \beta_n\end{pmatrix}$$

因为

$$\boldsymbol{U}-\boldsymbol{V}=\begin{pmatrix}\alpha_1-\beta_1\\ \alpha_2-\beta_2\\ \vdots\\ \alpha_n-\beta_n\end{pmatrix}$$

$$(\boldsymbol{U}-\boldsymbol{V})^{\mathrm{T}}=(\alpha_1-\beta_1\quad \alpha_2-\beta_2\quad \cdots\quad \alpha_n-\beta_n)$$

所以,显然得

$$\rho=\sqrt{(\boldsymbol{U}-\boldsymbol{V})^{\mathrm{T}}(\boldsymbol{U}-\boldsymbol{V})}$$

① 这个集合常常称为 n 维空间,而组成这个集合的数列称为这个 n 维空间中的点或向量.当然,这些名词必须理解为完全是有条件的名称.

(这里我们仍旧把在根号内的一阶方阵与组成这个方阵的那个数看作是一样的).

现在我们来讨论由变量 $x_1, x_2, \cdots, x_n$ 到新变量 $y_1, y_2, \cdots, y_n$ 的线性变换,在这个变换下

$$x_1 = \mu_{11} y_1 + \mu_{12} y_2 + \cdots + \mu_{1n} y_n$$
$$x_2 = \mu_{21} y_1 + \mu_{22} y_2 + \cdots + \mu_{2n} y_n$$
$$\vdots$$
$$x_n = \mu_{n1} y_1 + \mu_{n2} y_2 + \cdots + \mu_{nn} y_n$$

这个变换可以考虑作为在所有由 n 个实数所组成的数列的集合中坐标系统的变换.数列$(\alpha_1, \alpha_2, \cdots, \alpha_n)$的旧坐标是 $x_1 = \alpha_1, x_2 = \alpha_2, \cdots, x_n = \alpha_n$;在新的坐标系统 $y_1, y_2, \cdots, y_n$ 之下,它的坐标是 $y_1 = \bar{\alpha}_1, y_2 = \bar{\alpha}_2, \cdots, y_n = \bar{\alpha}_n$,这里 $\alpha_1, \alpha_2, \cdots, \alpha_n$ 及 $\bar{\alpha}_1, \bar{\alpha}_2, \cdots, \bar{\alpha}_n$ 用一般公式联系着,即新旧坐标的关系为

$$\alpha_1 = \mu_{11} \bar{\alpha}_1 + \mu_{12} \bar{\alpha}_2 + \cdots + \mu_{1n} \bar{\alpha}_n$$
$$\alpha_2 = \mu_{21} \bar{\alpha}_1 + \mu_{22} \bar{\alpha}_2 + \cdots + \mu_{2n} \bar{\alpha}_n$$
$$\vdots$$
$$\alpha_n = \mu_{n1} \bar{\alpha}_1 + \mu_{n2} \bar{\alpha}_2 + \cdots + \mu_{nn} \bar{\alpha}_n$$

现在我们来确定,怎样的变换使距离的公式在新坐标系统下仍旧保持原来的形式.因此,假如数列$(\alpha_1, \alpha_2, \cdots, \alpha_n)$的新坐标是 $\bar{\alpha}_1, \bar{\alpha}_2, \cdots, \bar{\alpha}_n$ 及数列$(\beta_1, \beta_2, \cdots, \beta_n)$的新坐标是 $\bar{\beta}_1, \bar{\beta}_2, \cdots, \bar{\beta}_n$,那么必须满足等式

$$\sqrt{(\bar{\alpha}_1 - \bar{\beta}_1)^2 + (\bar{\alpha}_2 - \bar{\beta}_2)^2 + \cdots + (\bar{\alpha}_n - \bar{\beta}_n)^2} =$$
$$\sqrt{(\alpha_1 - \beta_1)^2 + (\alpha_2 - \beta_2)^2 + \cdots + (\alpha_n - \beta_n)^2}$$

按照上文,有

$$\boldsymbol{U} = \boldsymbol{M}\bar{\boldsymbol{U}}, \boldsymbol{V} = \boldsymbol{M}\bar{\boldsymbol{V}}$$

其中

$$\boldsymbol{U}=\begin{pmatrix}\alpha_1\\\alpha_2\\\vdots\\\alpha_n\end{pmatrix},\bar{\boldsymbol{U}}=\begin{pmatrix}\bar{\alpha}_1\\\bar{\alpha}_2\\\vdots\\\bar{\alpha}_n\end{pmatrix},\boldsymbol{V}=\begin{pmatrix}\beta_1\\\beta_2\\\vdots\\\beta_n\end{pmatrix},\bar{\boldsymbol{V}}=\begin{pmatrix}\bar{\beta}_1\\\bar{\beta}_2\\\vdots\\\bar{\beta}_n\end{pmatrix}$$

这里 $\boldsymbol{M}$ 是由系数 μ_{ij} 所组成的矩阵.

因此,我们的条件变为

$$\sqrt{(\bar{\boldsymbol{U}}-\bar{\boldsymbol{V}})^*(\bar{\boldsymbol{U}}-\bar{\boldsymbol{V}})}=\sqrt{(\boldsymbol{U}-\boldsymbol{V})^{\mathrm{T}}(\boldsymbol{U}-\boldsymbol{V})}$$

因为

$$\begin{aligned}(\boldsymbol{U}-\boldsymbol{V})^{\mathrm{T}}(\boldsymbol{U}-\boldsymbol{V})&=(\boldsymbol{M}\bar{\boldsymbol{U}}-\boldsymbol{M}\bar{\boldsymbol{V}})^{\mathrm{T}}(\boldsymbol{M}\bar{\boldsymbol{U}}-\boldsymbol{M}\bar{\boldsymbol{V}})=\\&[\boldsymbol{M}(\bar{\boldsymbol{U}}-\bar{\boldsymbol{V}})]^{\mathrm{T}}\boldsymbol{M}(\bar{\boldsymbol{U}}-\bar{\boldsymbol{V}})=\\&(\bar{\boldsymbol{U}}-\bar{\boldsymbol{V}})^{\mathrm{T}}\boldsymbol{M}^{\mathrm{T}}\boldsymbol{M}(\bar{\boldsymbol{U}}-\bar{\boldsymbol{V}})\end{aligned}$$

所以易见,当 $\boldsymbol{M}^{\mathrm{T}}\boldsymbol{M}=\boldsymbol{E}$ 时,所要求的条件是能够满足的. 因此,当矩阵 $\boldsymbol{M}$ 为正交的时候,也就是当变换为正交变换的时候,距离公式是保持不变的.

然而正交的条件在这里不仅是充分的,而且还是必要的. 实际上,数列$(0,0,\cdots,0)$的新坐标也都是零. 所以这一数列到任一数列$(x_1,x_2,\cdots,x_n)$的距离的平方是

$$x_1^2+x_2^2+\cdots+x_n^2$$

而在新坐标下也应该是

$$y_1^2+y_2^2+\cdots+y_n^2$$

因此,二次型 $x_1^2+x_2^2+\cdots+x_n^2$ 应该变到二次型 $y_1^2+y_2^2+\cdots+y_n^2$,而这个就是正交变换的条件.

如我们已经指出的“几何的特性”那样,在与正交变换的性质相关的问题中,十分自然的我们会对这样的问题感兴趣:假如我们只用正交的变量变换,那么实二次型可以简化到如何程度? 这个问题比起在 §1 中所讨论的关于用任意线性变换来简化二次型的问题要

复杂得很多.虽然这个问题更难,然而也更有趣.特别在几何中(当$n=2$及$n=3$时),正交变换本身就是坐标系统的旋转(诚然也有坐标轴的对换,它是正交变换,而不是旋转).我们不可能在这里说明这个重要问题的解.我们来说明下列一事而不予证明:对于任一实的对称矩阵$\boldsymbol{A}$,可能求得一个正交矩阵$\boldsymbol{M}$,使得

$$\boldsymbol{M}^{\mathrm{T}}\boldsymbol{A}\boldsymbol{M}=\begin{pmatrix} b_1 & 0 & \cdots & 0 & 0 & \cdots & 0 \\ 0 & b_2 & \cdots & 0 & 0 & \cdots & 0 \\ \vdots & \vdots & & \vdots & \vdots & & \vdots \\ 0 & 0 & \cdots & b_r & 0 & \cdots & 0 \\ 0 & 0 & \cdots & 0 & 0 & \cdots & 0 \\ \vdots & \vdots & & \vdots & \vdots & & \vdots \\ 0 & 0 & \cdots & 0 & 0 & \cdots & 0 \end{pmatrix}$$

换句话说,每一个实的二次型可以用一个正交的变量变换变到二次型

$$b_1y_1^2+b_2y_2^2+\cdots+b_ry_r^2$$

然而,这个结果的获得需要很深入地研究矩阵的性质.

实二次型的半正定性及应用

第 3 章

辽宁工学院数理科学系的杨文杰教授 2004 年讨论了实二次型的半正定性，并介绍了其在证明不等式中的应用，尤其是证明一般的初等不等式，对如何用高等数学方法解决初等数学问题做了一点尝试.

§1　实二次型的半正定性定义

设有实二次型 $f=\boldsymbol{X}^{\mathrm{T}}\boldsymbol{A}\boldsymbol{X}$（$\boldsymbol{A}$ 为 n 阶实对称矩阵，称为二次型的矩阵，$\boldsymbol{X}=(x_1\quad x_2\quad\cdots\quad x_n)^{\mathrm{T}}$），如果对任意 $\boldsymbol{X}\neq\boldsymbol{0}$ 都有 $f\geqslant 0$，则称 f 是半正定的二次型，并称 $\boldsymbol{A}$ 是半正定的矩阵，记作 $\boldsymbol{A}\geqslant\boldsymbol{0}$.

§2 实二次型的半正定性判别

定理1 实二次型 $f(x_1, x_2, \cdots, x_n) = \boldsymbol{X}^{\mathrm{T}}\boldsymbol{A}\boldsymbol{X}$ 为半正定的充要条件是它的正定性指数与秩相等.

证明 设实二次型的秩为 r,正定性指数为 p,我们知道,实二次型 $f(x_1, x_2, \cdots, x_n)$ 可以经过可逆线性变换 $\boldsymbol{X} = \boldsymbol{C}\boldsymbol{Y}$ 化为标准型

$$f(x_1, x_2, \cdots, x_n) = k_1 y_1^2 + k_2 y_2^2 + \cdots + k_p y_p^2 - k_{p+1} y_{p+1}^2 - \cdots - k_r y_r^2 \quad (1)$$

其中 $k_i > 0(i=1,2,\cdots,r; r \leqslant n)$. 注意到,因为 $\boldsymbol{X} = \boldsymbol{C}\boldsymbol{Y}$ 是可逆线性变换,所以当 $x_1, x_2, \cdots, x_n$ 不全为零时,有 $y_1, y_2, \cdots, y_n$ 不全为零;反之,当 $y_1, y_2, \cdots, y_n$ 不全为零时,也有 $x_1, x_2, \cdots, x_n$ 不全为零.

充分性:若 $p = r$,则标准型(1) 成为

$$f(x_1, x_2, \cdots, x_n) = k_1 y_1^2 + k_2 y_2^2 + \cdots + k_r y_r^2 \quad (2)$$

其中 $k_i > 0(i=1,2,\cdots,r; r \leqslant n)$,这时对任一组不全为零的 $x_1, x_2, \cdots, x_n$(对应的 $y_1, y_2, \cdots, y_n$ 不全为零)均有 $f \geqslant 0$,所以 f 是半正定的.

必要性:若 f 是半正定的,即 $f \geqslant 0$,用反证法证明,假设 $p < r$,这时可以取 $y_r = 1$,其余 $y_i = 0$,由 $\boldsymbol{X} = \boldsymbol{C}\boldsymbol{Y}$ 得相应的 $x_1, x_2, \cdots, x_n$,代入式(1),有 $f(x_1, x_2, \cdots, x_n) = -k_r < 0$,与 $f \geqslant 0$ 矛盾,所以 $p = r$.

由定理 1,对于实半正定二次型,标准型为式(2),如果再令 $y_i = \dfrac{z_i}{\sqrt{k_i}}$,即再经过一个可逆变换 $\boldsymbol{Y} = \boldsymbol{C}_1\boldsymbol{Z}$,则

可得

$$f(x_1,x_2,\cdots,x_n)=z_1^2+z_2^2+\cdots+z_r^2 \tag{3}$$

于是有：

推论　实二次型 $f(x_1,x_2,\cdots,x_n)=\boldsymbol{X}^{\mathrm{T}}\boldsymbol{A}\boldsymbol{X}$ 为半正定的充要条件是 $\boldsymbol{A}$ 合同于 $\begin{pmatrix}\boldsymbol{E}_r & \boldsymbol{0}\\ \boldsymbol{0} & \boldsymbol{0}\end{pmatrix}$（$r\leqslant n$，当 $r=n$ 时，$\boldsymbol{A}$ 合同于 $\boldsymbol{E}_n$）.

定理 2　实二次型 $f(x_1,x_2,\cdots,x_n)=\boldsymbol{X}^{\mathrm{T}}\boldsymbol{A}\boldsymbol{X}$ 为半正定的充要条件是它的矩阵 $\boldsymbol{A}$ 的特征值均为非负数.

证明　充分性：设实二次型的矩阵 $\boldsymbol{A}$ 的特征值为 $\lambda_i(i=1,2,\cdots,n)$，则总可以通过正交变换 $\boldsymbol{X}=\boldsymbol{U}\boldsymbol{Y}$（$\boldsymbol{U}^{\mathrm{T}}=\boldsymbol{U}^{-1}$）化成

$$f(x_1,x_2,\cdots,x_n)=\lambda_1y_1^2+\lambda_2y_2^2+\cdots+\lambda_ny_n^2$$

因为 $\lambda_i\geqslant 0$，所以 $f\geqslant 0$.

必要性：设 λ_i 为实二次型 f 的矩阵 $\boldsymbol{A}$ 的特征值，对应于 λ_i 的特征向量为 $\boldsymbol{\xi}_i$，即 $\boldsymbol{A}\boldsymbol{\xi}_i=\lambda_i\boldsymbol{\xi}_i$，对于任意 $\boldsymbol{X}\neq\boldsymbol{0}$ 有 $f(x_1,x_2,\cdots,x_n)=\boldsymbol{X}^{\mathrm{T}}\boldsymbol{A}\boldsymbol{X}=(\boldsymbol{A}\boldsymbol{X},\boldsymbol{X})$，其中 $(\boldsymbol{A}\boldsymbol{X},\boldsymbol{X})$ 表示欧氏内积. 已知 $f\geqslant 0$，即 $(\boldsymbol{A}\boldsymbol{X},\boldsymbol{X})\geqslant 0$，亦即 $(\boldsymbol{A}\boldsymbol{\xi}_i,\boldsymbol{\xi}_i)=(\lambda_i\boldsymbol{\xi}_i,\boldsymbol{\xi}_i)=\lambda_i(\boldsymbol{\xi}_i,\boldsymbol{\xi}_i)\geqslant 0$. 因为 $(\boldsymbol{\xi}_i,\boldsymbol{\xi}_i)>0$，所以 $\lambda_i\geqslant 0(i=1,2,\cdots,n)$.

定理 3　实二次型 $f(x_1,x_2,\cdots,x_n)=\boldsymbol{X}^{\mathrm{T}}\boldsymbol{A}\boldsymbol{X}$ 为半正定的充要条件是 $\boldsymbol{A}$ 的各阶主子式均为非负数（所谓主子式即行指标与列指标相同的子式）.

为证明定理 3，先给出两个引理.

引理 1　矩阵 $\boldsymbol{A}$ 是半正定的，则 $|\boldsymbol{A}|\geqslant 0$.

证明　设 $\boldsymbol{A}$ 半正定，由定理 1 的推论知必存在可逆矩阵 $\boldsymbol{C}^*$ 使

$$\boldsymbol{C}^*\boldsymbol{A}\boldsymbol{C}^*=\begin{pmatrix}\boldsymbol{E}_r & \boldsymbol{0}\\ \boldsymbol{0} & \boldsymbol{0}\end{pmatrix}$$

两边取行列式

$$|\boldsymbol{A}||\boldsymbol{C}^{*}|^{2}=0(\text{或 }1)$$

因为 $|\boldsymbol{C}^{*}|^{2}\neq 0$,所以 $|\boldsymbol{A}|\geqslant 0$.

引理 2 若矩阵 $\boldsymbol{A}$ 的一切主子式均为非负数,则当 $\lambda>0$ 时,$\lambda\boldsymbol{E}+\boldsymbol{A}$ 为正定矩阵.

证明 令 $\boldsymbol{B}_m=\begin{pmatrix} a_{11} & \cdots & a_{1m} \\ \vdots & & \vdots \\ a_{m1} & \cdots & a_{mm} \end{pmatrix}(m=1,2,\cdots,n)$,

则

$$|\lambda\boldsymbol{E}_m+\boldsymbol{B}_m|=\begin{vmatrix} \lambda+a_{11} & a_{12} & \cdots & a_{1m} \\ a_{21} & \lambda+a_{22} & \cdots & a_{2m} \\ \vdots & \vdots & & \vdots \\ a_{m1} & a_{m2} & \cdots & \lambda+a_{mm} \end{vmatrix}=$$

$$\lambda^{m}+p_1\lambda^{m-1}+\cdots+p_{m-1}\lambda+p_m$$

其中:p_i 是 $\boldsymbol{B}_m$ 的一切 i 阶主子式的和. 因为矩阵 $\boldsymbol{A}$ 的一切主子式均为非负数,所以 $p_i\geqslant 0$. 于是当 $\lambda>0$ 时,$|\lambda\boldsymbol{E}_m+\boldsymbol{B}_m|>0$,即 $\lambda\boldsymbol{E}+\boldsymbol{A}$ 为正定矩阵.

定理 3 的证明 必要性:已知 $f\geqslant 0$,设 $|\boldsymbol{A}_k|$ 为 $\boldsymbol{A}$ 的任意阶主子式,对应 $\boldsymbol{A}_k$ 的二次型设为 $f_k(x_{i1},\cdots,x_{ik})=\boldsymbol{X}_k^{\mathrm{T}}\boldsymbol{A}_k\boldsymbol{X}_k$,对任一组不全为零的数 $c_{i1},\cdots,c_{ik}$,将它扩充成 n 元数组 $c_1,c_2,\cdots,c_r$,(不改变顺序,以零添足)使得 $f_k=f$. 因为 $f\geqslant 0$,所以 $f_k\geqslant 0$,$\boldsymbol{A}_k$ 为半正定矩阵. 由引理 1,$|\boldsymbol{A}_k|\geqslant 0$.

充分性:若 f 不是半正定的,即 $\boldsymbol{A}$ 不是半正定的,则必存在 $\boldsymbol{X}_0=(c_1\quad c_2\quad\cdots\quad c_n)^{\mathrm{T}}\neq\boldsymbol{0}$,使得 $f(c_1,c_2,\cdots,c_n)=\boldsymbol{X}_0^{\mathrm{T}}\boldsymbol{A}\boldsymbol{X}_0=-c<0(c>0)$,这是可以做到的:取 $\lambda=c/(\boldsymbol{X}_0^{\mathrm{T}}\boldsymbol{X}_0)=c/(c_1^2+\cdots+c_n^2)>0$,则有

$$\boldsymbol{X}_0^{\mathrm{T}}(\lambda\boldsymbol{E}+\boldsymbol{A})\boldsymbol{X}_0=\lambda\boldsymbol{X}_0^{\mathrm{T}}\boldsymbol{X}_0+\boldsymbol{X}_0^{\mathrm{T}}\boldsymbol{A}\boldsymbol{X}_0=c-c=0$$

由此推出 $\lambda\boldsymbol{E}+\boldsymbol{A}$ 不是正定的，与引理2矛盾，所以假设不成立，f 必为半正定的.

§3　实二次型半正定性在不等式证明中的应用举例

先看一个简单的例子：

例1　设 $a,b\in\mathbf{R}$，求证 $a^2+b^2\geqslant 2ab$.

证明　由于结论可写成 $a^2+b^2-2ab\geqslant 0$，所以根据二次型的有关理论，要证结论只须证对称矩阵 $\boldsymbol{A}=\begin{pmatrix}1 & -1\\ -1 & 1\end{pmatrix}$ 半正定即可. 因为一、二阶主子式分别为 $1>0$ 和 $|\boldsymbol{A}|=0$，所以矩阵 $\boldsymbol{A}$ 半正定，从而二次型 $f(a,b)=(a\quad b)\boldsymbol{A}\begin{pmatrix}a\\ b\end{pmatrix}=a^2+b^2-2ab$ 半正定，即 $a^2+b^2-2ab\geqslant 0$.

显然，这种证法并不比通常所用的初等数学证法简单，但它却提供了证明二次齐次不等式的一种全新思路. 使用这种方法一般先从结论出发构造相应的二次型，然后判断该二次型（矩阵）的半正定性，从而得到不等式.

例2　设 α,β,γ 是一个三角形的三个内角，证明对任意实数 x,y,z，都有

$$x^2+y^2+z^2\geqslant 2xy\cos\alpha+2xz\cos\beta+2yz\cos\gamma$$

证明　令 $f(x,y,z)=x^2+y^2+z^2-2xy\cos\alpha-2xz\cos\beta-2yz\cos\gamma=\boldsymbol{X}^{\mathrm{T}}\boldsymbol{A}\boldsymbol{X}$，其中

$$\boldsymbol{X}=(x\quad y\quad z)^{\mathrm{T}}$$

$$\boldsymbol{A}=\begin{pmatrix}1 & -\cos\alpha & -\cos\beta\\ -\cos\alpha & 1 & -\cos\gamma\\ -\cos\beta & -\cos\gamma & 1\end{pmatrix}$$

$\alpha+\beta+\gamma=\pi$，$\cos\gamma=-\cos(\alpha+\beta)$，对 $\boldsymbol{A}$ 进行初等行变换得 $\boldsymbol{A}=\begin{pmatrix}1 & -\cos\alpha & -\cos\beta\\ 0 & \sin\alpha & -\sin\beta\\ 0 & 0 & 0\end{pmatrix}$，于是 $\boldsymbol{A}$ 的特征值为 0，1，$\sin\alpha$，均大于或等于 0，从而二次型 $f(x,y,z)$ 是半正定的，即对于任意实数 x,y,z，有 $f(x,y,z)\geqslant 0$，于是不等式得证.

再谈实二次型中半正定二次型的判定及应用

第4章

山西大同大学大同师范分校的魏慧敏教授2013年基于正定二次型的内容，对半正定二次型的定义、判定方法以及它在不等式证明中的具体应用进行了详细的探究.

§1　引理及定理

引理1　实二次型为半正定的充分必要条件为其标准型的所有系数都为非负数.

引理2　实二次型 $f(x_1,x_2,\cdots,x_n)=\boldsymbol{X}^{\mathrm{T}}\boldsymbol{A}\boldsymbol{X}$ 为半正定的充分必要条件为其正惯性指数 $p=$ 秩 r.

引理3 实二次型 $f(x_1,x_2,\cdots,x_n)=\boldsymbol{X}^{\mathrm{T}}\boldsymbol{A}\boldsymbol{X}$ 为半正定的充分必要条件为 $\boldsymbol{A}$ 与 $\begin{pmatrix}\boldsymbol{E}_r & \boldsymbol{0}\\ \boldsymbol{0} & \boldsymbol{0}\end{pmatrix}$ 合同($r\leqslant n$,当 $r=n$ 时,$\boldsymbol{A}$ 与 $\boldsymbol{E}_n$ 合同)①.

引理4 实二次型 $f(x_1,x_2,\cdots,x_n)=\sum_{i=1}^{n}\sum_{j=1}^{n}a_{ij}x_ix_j=\boldsymbol{X}^{\mathrm{T}}\boldsymbol{A}\boldsymbol{X}$ 为半正定的充分必要条件为矩阵 $\boldsymbol{A}$ 的所有主子式必须为非负.

定理1 假设实二次型 $f(x_1,x_2,\cdots,x_n)=\boldsymbol{X}^{\mathrm{T}}\boldsymbol{A}\boldsymbol{X}$,如果可逆的矩阵 $\boldsymbol{P}$ 存在,使 $f'(y_1,y_2,\cdots,y_n)=\boldsymbol{Y}^{\mathrm{T}}(\boldsymbol{P}^{\mathrm{T}}\boldsymbol{A}\boldsymbol{P})\boldsymbol{Y}$,则 $f(x_1,x_2,\cdots,x_n)$ 半正定当且仅当 $f'(y_1,y_2,\cdots,y_n)$ 半正定.

证明 因为以 $\boldsymbol{P}$ 为矩阵的线性变换施行给了 $f(x_1,x_2,\cdots,x_n)$,即 $\boldsymbol{X}=\boldsymbol{P}\boldsymbol{Y}$,同时,$\boldsymbol{P}$ 是可逆的,因此 $\boldsymbol{Y}=\boldsymbol{P}^{\mathrm{T}}\boldsymbol{X}$. 而且,如果 $\boldsymbol{X}$ 不全为零,那么,$\boldsymbol{Y}$ 也不全为零. 反之亦然.

又

$$\boldsymbol{Y}^{\mathrm{T}}(\boldsymbol{P}^{\mathrm{T}}\boldsymbol{A}\boldsymbol{P})\boldsymbol{Y}=(\boldsymbol{P}^{\mathrm{T}}\boldsymbol{X})^{\mathrm{T}}(\boldsymbol{P}^{\mathrm{T}}\boldsymbol{A}\boldsymbol{P})(\boldsymbol{P}^{\mathrm{T}}\boldsymbol{X})=\boldsymbol{X}^{\mathrm{T}}\boldsymbol{P}\boldsymbol{P}^{\mathrm{T}}\boldsymbol{A}\boldsymbol{P}\boldsymbol{P}^{\mathrm{T}}\boldsymbol{X}=\boldsymbol{X}^{\mathrm{T}}\boldsymbol{A}\boldsymbol{X}$$

因此,$f(x_1,x_2,\cdots,x_n)$ 半正定当且仅当 $f'(y_1,y_2,\cdots,y_n)$ 半正定.

定理2 n 元实二次型 $f(x_1,x_2,\cdots,x_n)$ 是半正定的充分必要条件为其负惯性指数为零.

证明 设将变量的非奇异线性二次型 $f(x_1,x_2,\cdots,x_n)$ 转换成标准型

① 北京大学数学系几何与代数教研室代数小组. 高等代数. 北京:北京高等教育出版社,2001.

$$f'(y_1,y_2,\cdots,y_n)=k_1y_1^2+k_2y_2^2+\cdots+k_ny_n^2$$

通过定理 1 可知 $f(x_1,x_2,\cdots,x_n)$ 半正定当且仅当 $f'(y_1,y_2,\cdots,y_n)$ 为半正定的. 而 $f'(y_1,y_2,\cdots,y_n)$ 为半正定的又当且仅当 $k_i\geqslant 0,i=1,2,\cdots,n$. 因此负惯性指数为零.

定理 3　实对称矩阵 $\boldsymbol{A}$ 为半正定的充分必要条件为对于任何正数 a, $a\boldsymbol{E}+\boldsymbol{A}$ 均为正定矩阵.①

证明　必要性:若 $\boldsymbol{A}$ 为半正定矩阵,那么对于任意非零列向量 $\boldsymbol{X}$,都有 $\boldsymbol{X}^{\mathrm{T}}\boldsymbol{A}\boldsymbol{X}\geqslant 0$,由此可知,对于任意正数 a, $\boldsymbol{X}^{\mathrm{T}}(a\boldsymbol{E}+\boldsymbol{A})\boldsymbol{X}=a\boldsymbol{X}^{\mathrm{T}}\boldsymbol{X}+\boldsymbol{X}^{\mathrm{T}}\boldsymbol{A}\boldsymbol{X}>0$. 同时, $(a\boldsymbol{E}+\boldsymbol{A})^{\mathrm{T}}=a\boldsymbol{E}+\boldsymbol{A}$,因此 $a\boldsymbol{E}+\boldsymbol{A}$ 为正定矩阵.

充分性:设对于任意正数 a, $a\boldsymbol{E}+\boldsymbol{A}$ 为正定矩阵,若 $\boldsymbol{A}$ 为非半正定矩阵,则有非零的 n 元列向量 $\boldsymbol{C}^{\mathrm{T}}=(c_1\quad c_2\quad\cdots\quad c_n)$,使 $\boldsymbol{C}^{\mathrm{T}}\boldsymbol{A}\boldsymbol{C}=-k<0(k>0)$. 根据 $a\boldsymbol{E}+\boldsymbol{A}$ 正定可得 $\boldsymbol{C}^{\mathrm{T}}(a\boldsymbol{E}+\boldsymbol{A})\boldsymbol{C}>0$,其中 a 为任意正数,现取 $a=\dfrac{k}{\boldsymbol{C}^{\mathrm{T}}\boldsymbol{C}}$,则 $\boldsymbol{C}^{\mathrm{T}}(a\boldsymbol{E}+\boldsymbol{A})\boldsymbol{C}=a\boldsymbol{C}^{\mathrm{T}}\boldsymbol{E}\boldsymbol{C}+\boldsymbol{C}^{\mathrm{T}}\boldsymbol{A}\boldsymbol{C}=\dfrac{k}{\boldsymbol{C}^{\mathrm{T}}\boldsymbol{C}}\boldsymbol{C}^{\mathrm{T}}\boldsymbol{C}-k=0$. 这与 $\boldsymbol{C}^{\mathrm{T}}(a\boldsymbol{E}+\boldsymbol{A})\boldsymbol{C}>0$ 矛盾. 因此 $\boldsymbol{A}$ 为半正定矩阵.

根据上述定理 3,如果要证明实二次型 $\boldsymbol{X}^{\mathrm{T}}\boldsymbol{A}\boldsymbol{X}$ 的半正定性,就可以不必验证 $\boldsymbol{A}$ 的全部主子式非负,而只需要验证矩阵 $a\boldsymbol{E}+\boldsymbol{A}$ 的各阶顺序主子式非负便可,试举例说明如下:

例　判定二次型 $f(x_1,x_2,\cdots,x_n)=\alpha\sum\limits_{i=1}^{n}x_i^2+$

① 许统生. 也谈半正定二次型的判定. 抚州师专学报,2001,(2):33-34.

$2\beta\sum\limits_{1\leqslant i<j\leqslant n}x_ix_j$ 的半正定性($\alpha\geqslant\beta>0$).

解 此二次型的矩阵为 n 阶矩阵

$$\boldsymbol{A}=\begin{pmatrix}\alpha & \beta & \beta & \cdots & \beta\\ \beta & \alpha & \beta & \cdots & \beta\\ \beta & \beta & \alpha & \cdots & \beta\\ \vdots & \vdots & \vdots & & \vdots\\ \beta & \beta & \beta & \cdots & \alpha\end{pmatrix}$$

那么

$$\varepsilon\boldsymbol{E}+\boldsymbol{A}=\begin{pmatrix}\varepsilon+\alpha & \beta & \beta & \cdots & \beta\\ \beta & \varepsilon+\alpha & \beta & \cdots & \beta\\ \beta & \beta & \varepsilon+\alpha & \cdots & \beta\\ \vdots & \vdots & \vdots & & \vdots\\ \beta & \beta & \beta & \cdots & \varepsilon+\alpha\end{pmatrix}$$

假设 $\varepsilon\boldsymbol{E}+\boldsymbol{A}$ 的 k 阶顺序主子式为 $M_k(k=1,2,\cdots,n)$

$$M_k=\begin{vmatrix}\varepsilon+\alpha & \beta & \beta & \cdots & \beta\\ \beta & \varepsilon+\alpha & \beta & \cdots & \beta\\ \beta & \beta & \varepsilon+\alpha & \cdots & \beta\\ \vdots & \vdots & \vdots & & \vdots\\ \beta & \beta & \beta & \cdots & \varepsilon+\alpha\end{vmatrix}_{k\times k}=$$

$$(\varepsilon+\alpha-\beta)^{k-1}[\varepsilon+\alpha+(k-1)\beta]$$

已知 $\alpha\geqslant\beta>0$,因此,对任意 $\varepsilon>0$,$M_k>0$,即$\varepsilon\boldsymbol{E}+\boldsymbol{A}$ 为正定矩阵. 由此可知 $f(x_1,x_2,\cdots,x_n)$ 为半正定的.

定理4 实二次型 $f(x_1,x_2,\cdots,x_n)=\boldsymbol{X}^{\mathrm{T}}\boldsymbol{A}\boldsymbol{X}$ 为半正定的充分必要条件为其矩阵 $\boldsymbol{A}$ 的特征值都是非负

数.[①]

证明　充分性:设实二次型的矩阵 $\boldsymbol{A}$ 的特征值为 $\lambda_i(i=1,2,\cdots,n)$,通常可以通过正交变换 $\boldsymbol{X}=\boldsymbol{UY}(\boldsymbol{U}^{\mathrm{T}}=\boldsymbol{U}^{-1})$ 变换成 $f(x_1,x_2,\cdots,x_n)=\lambda_1y_1^2+\lambda_2y_2^2+\cdots+\lambda_ny_n^2$,由于 $\lambda_i\geqslant 0$,因此 $f\geqslant 0$.

必要性:设 λ_i 为实二次型 f 的矩阵 $\boldsymbol{A}$ 的特征值,与 λ_i 相对应的特征向量为 $\boldsymbol{\xi}_i$,那么 $\boldsymbol{A}\boldsymbol{\xi}_i=\lambda_i\boldsymbol{\xi}_i$,对于任意 $\boldsymbol{X}\neq\boldsymbol{0}$,有 $f(x_1,x_2,\cdots,x_n)=\boldsymbol{X}^{\mathrm{T}}\boldsymbol{AX}=(\boldsymbol{AX},\boldsymbol{X})$,其中 $(\boldsymbol{AX},\boldsymbol{X})$ 为欧氏内积.已知 $f\geqslant 0$,即 $(\boldsymbol{AX},\boldsymbol{X})\geqslant 0$,亦即 $(\boldsymbol{A}\boldsymbol{\xi}_i,\boldsymbol{\xi}_i)=(\lambda_i\boldsymbol{\xi}_i,\boldsymbol{\xi}_i)=\lambda_i(\boldsymbol{\xi}_i,\boldsymbol{\xi}_i)\geqslant 0$.由于 $(\boldsymbol{\xi}_i,\boldsymbol{\xi}_i)>0$,因此 $\lambda_i>0(i=1,2,\cdots,n)$.

以下为半正定二次型再提供一个必要条件.

定理 5　若 n 元二次型

$$\begin{aligned}f(x_1,x_2,\cdots,x_n)=&\ a_{11}x_1^2+2a_{12}x_1x_2+2a_{13}x_1x_3+\cdots+\\&2a_{1n}x_1x_n+a_{22}x_2^2+2a_{23}x_2x_3+\\&2a_{2n}x_2x_n+\cdots+a_{nn}x_n^2\end{aligned}$$

半正定,那么其平方项的系数 $a_i\geqslant 0(i=1,2,\cdots,n)$.

证明　假设 $a_{11}<0$.

取 $(x_1,x_2,\cdots,x_i,\cdots,x_n)=(1,0,\cdots,0,\cdots,0)$,则有 $f(1,0,\cdots,0,\cdots,0)=a_{11}<0$,所以 $f(x_1,x_2,\cdots,x_n)$ 为非半正定二次型,这与已知相互矛盾.

所以,若二次型半正定,则所有平方项前的系数在任何情况下都大于或等于零.

---

① 解红霞.实半定二次型的判别条件及证明.山西财经大学学报,2002(3):87.

§2 在不等式证明中的运用

应用1 假设 $a,b,c\in\mathbf{R}$，求证：$a^2+b^2+c^2\geqslant ab+bc+ac$.

证明 由于结论可以写成 $a^2+b^2+c^2-ab-bc-ac\geqslant 0$，所以令

$$f(a,b,c)=(a\quad b\quad c)\mathbf{A}\begin{pmatrix}a\\b\\c\end{pmatrix}=a^2+b^2+c^2-ab-bc-ac$$

其对应的对称矩阵为

$$\mathbf{A}=\begin{pmatrix}1&-\frac{1}{2}&-\frac{1}{2}\\-\frac{1}{2}&1&-\frac{1}{2}\\-\frac{1}{2}&-\frac{1}{2}&1\end{pmatrix}$$

因此，如果 $a^2+b^2+c^2-ab-bc-ac\geqslant 0$，那么只需要证得 $\mathbf{A}$ 半正定即可. $\mathbf{A}$ 的一、二、三阶主子式分别为

$$1>0,\begin{vmatrix}1&-\frac{1}{2}\\-\frac{1}{2}&1\end{vmatrix}=\frac{3}{4}>0,\ |\mathbf{A}|=0$$

因此 $\mathbf{A}$ 半正定，即

$$f(a,b,c)=a^2+b^2+c^2-ab-bc-ac\geqslant 0$$

应用2 设 $a_i,b_i(i=1,2,\cdots,n)$ 为任意实数，证明

Cauchy 不等式$\left(\sum_{i=1}^{n}a_ib_i\right)^2\leqslant\sum_{i=1}^{n}a_i^2\cdot\sum_{i=1}^{n}b_i^2$ 成立.[①]

证明　令 $f(x,y)=\sum_{i=1}^{n}(a_ix+b_iy)^2=(\sum_{i=1}^{n}a_i^2)x^2+2(\sum_{i=1}^{n}a_ib_i)xy+(\sum_{i=1}^{n}b_i^2)y^2$,由于 x,y 不管是何值,都有 $f(x,y)\geqslant 0$,因此 $f(x,y)$ 是半正定的.

由此可知,此二次型的矩阵的行列式大于或等于0,即

$$\begin{vmatrix}\sum_{i=1}^{n}a_i^2 & \sum_{i=1}^{n}a_ib_i\\ \sum_{i=1}^{n}a_ib_i & \sum_{i=1}^{n}b_i^2\end{vmatrix}\geqslant 0$$

进一步可得

$$\sum_{i=1}^{n}a_i^2\cdot\sum_{i=1}^{n}b_i^2-(\sum_{i=1}^{n}a_ib_i)^2\geqslant 0$$

即

$$\left(\sum_{i=1}^{n}a_ib_i\right)^2\leqslant\sum_{i=1}^{n}a_i^2\cdot\sum_{i=1}^{n}b_i^2$$

上述列举的应用提供了一种新的方法和思路,这种思路是先从已有的结论出发,对与此相应的二次型进行构造,据此断定该二次型或其矩阵是否具有半正定性,因而回到结论对其进行证明.

所以,只有对半正定二次型的相关知识进行全面

---

① 杨文杰.实二次型的半正定性及应用.渤海大学学报,2004,(6):127-129.

且细致的了解以后,才能正确认识半正定二次型,从而,对解题的帮助也会大大提高.

二次型矩阵在多元可微函数极值问题中的应用

第5章

在求解多元可微函数的极值问题时，通常需要在其驻点的邻域内判断其二阶微分的符号，但限于多元的原因，往往很难在分析学的范围内给出直观且易操作的一般性方法. 西安电子科技大学数学与统计学院的梁伟秋、尹小艳两位教授2017年根据二阶微分的函数表达形式，引进代数学的矩阵分析，将存在二阶连续微分函数的极值问题转化为二次型正定性的判断问题，给出极值问题的一般性求解步骤及相关证明.

§1　引言及预备知识

定义1[①]　设 $f(M)$ 在区域 D 上有定

① 华东师范大学数学系. 数学分析(下册). 北京：高等教育出版社，2010：145.

义，$M_0 \in D$，若存在邻域 $U=U(M_0,\delta) \subset D$，使对任意的 $M \in U$，有 $f(M_0) \geqslant f(M)$ 或 $f(M) \leqslant f(M_0)$ 成立，则称 M_0 为 f 的极大(小)值点，$f(M_0)$ 称为极大(小)值.

引理 1① $f(M)$ 在 D 上可微，$M_0 \in D$，则 $f(M)$ 在 M_0 处取到极值的必要条件是 $\mathrm{d}f(M_0)=0$，称满足该条件的点为驻点. 即对于可微函数，极值点必定是驻点，反之不然.

引理 2② $f(M)$ 在 D 上可微且 $\mathrm{d}f(M_0)=0$，存在邻域 $U_1(M_0,\delta)$，对任意的 $M \in U_1$，使得 $\mathrm{d}^2 f(M)$ 存在且连续，则当 $\mathrm{d}^2 f(M) > 0$ 时，M_0 为极小值点；当 $\mathrm{d}^2 f(M) < 0$ 时，M_0 为极大值点；当 $\mathrm{d}^2 f(M)=0$ 时，无法判断 M_0 是否为极值点；当对任意的 $\delta > 0$，邻域 $U_1(M_0,\delta)$ 内都存在不同的且分别使得 $\mathrm{d}^2 f(M) > 0$，$\mathrm{d}^2 f(M) < 0$ 成立的点时，M_0 不是极值点.

定义 2③ 数域 K 上的一个 n 元二次型是系数在 K 中的 n 个变量的二次齐次多项式，它的一般形式是

$$\begin{aligned} &f(x_1,x_2,x_3,\cdots,x_n)= \\ &a_{11}x_1^2+2a_{12}x_1x_2+2a_{13}x_1x_3+\cdots+ \\ &2a_{1n}x_1x_n+a_{22}x_2^2+2a_{23}x_2x_3+\cdots+ \\ &2a_{2n}x_2x_n+\cdots+a_{nn}x_n^2 \end{aligned} \tag{1}$$

① 周民强. 数学分析习题演练(第二册). 北京：科学出版社，2012：127-131.

② 林元重. 新编数学分析(下册). 武汉：武汉大学出版社，2015：115-117.

③ 邱维声. 高等代数(上册). 北京：清华大学出版社，2010：315，340-343.

简写成 $f(x_1,x_2,x_3,\cdots,x_n)=\sum_{i=1}^{n}\sum_{j=1}^{n}a_{ij}x_ix_j$，其中：$a_{ij}=a_{ji},1\leqslant i,j\leqslant n$. 令

$$\boldsymbol{A}=\begin{pmatrix}a_{11} & a_{12} & a_{13} & \cdots & a_{1n}\\ a_{12} & a_{22} & a_{23} & \cdots & a_{2n}\\ \vdots & \vdots & \vdots & & \vdots\\ a_{1n} & a_{2n} & a_{3n} & \cdots & a_{nn}\end{pmatrix}$$

称 $\boldsymbol{A}$ 为二次型 $f(x_1,x_2,x_3,\cdots,x_n)$ 的矩阵.

定义 3[1]　若对任意 n 元数组 $(x_1,x_2,x_3,\cdots,x_n)^{\mathrm{T}}\in K^n$，有 $f(x_1,x_2,x_3,\cdots,x_n)>0$，则称 $f(x_1,x_2,x_3,\cdots,x_n)$ 为正定二次型；若 $f(x_1,x_2,x_3,\cdots,x_n)<0$，则称 $f(x_1,x_2,x_3,\cdots,x_n)$ 为负定二次型；若既有 $f(x_1,x_2,x_3,\cdots,x_n)>0$，又有 $f(x_1,x_2,x_3,\cdots,x_n)<0$，则称 $f(x_1,x_2,x_3,\cdots,x_n)$ 为不定二次型.

引理 3[2]　对实对称矩阵 $\boldsymbol{A}$，若矩阵 $\boldsymbol{A}$ 的所有特征值为正的，则 $\boldsymbol{A}$ 为正定矩阵，对应的 $f(x_1,x_2,x_3,\cdots,x_n)$ 称为正定二次型；若 $\boldsymbol{A}$ 的所有特征值为负的，则 $\boldsymbol{A}$ 为负定矩阵，对应的 $f(x_1,x_2,x_3,\cdots,x_n)$ 称为负定二次型；若 $\boldsymbol{A}$ 的特征值有正的，也有负的，则 $\boldsymbol{A}$ 为不定矩阵，对应的 $f(x_1,x_2,x_3,\cdots,x_n)$ 称为不定二次型.

---

① 常庚哲，史济怀. 数学分析教程(上册). 合肥：中国科学技术大学出版社，2012：420-421.

② 钱吉林. 高等代数题解精粹. 北京：中央民族大学出版社，2009：242-243.

§2　求解步骤与相关证明

根据引理 1～3，对于定义域 D 上的多元可微函数 $f(x_1, x_2, x_3, \cdots, x_n)$，求其极值步骤：

(a) 令 $\mathrm{d}f(M)=0$，求出 M_0 为满足条件的解，则 M_0 为 $f(M)$ 的驻点.

(b) 导出 $\mathrm{d}^2 f(M)$ 的表达式，一般地

$$\begin{aligned}\mathrm{d}^2 f(M) = f(x_1, x_2, x_3, \cdots, x_n) = &\frac{\partial^2 f}{\partial x_1^2}\mathrm{d}x_1^2 + 2\frac{\partial^2 f}{\partial x_1 \partial x_2}\mathrm{d}x_1\mathrm{d}x_2 + \\ &2\frac{\partial^2 f}{\partial x_1 \partial x_3}\mathrm{d}x_1\mathrm{d}x_3 + \cdots + \\ &2\frac{\partial^2 f}{\partial x_1 \partial x_n}\mathrm{d}x_1\mathrm{d}x_n + \\ &\frac{\partial^2 f}{\partial x_2^2}\mathrm{d}x_2^2 + 2\frac{\partial^2 f}{\partial x_2 \partial x_3}\mathrm{d}x_2\mathrm{d}x_3 + \cdots + \\ &2\frac{\partial^2 f}{\partial x_2 \partial x_n}\mathrm{d}x_2\mathrm{d}x_n + \cdots + \frac{\partial^2 f}{\partial x_n^2}\mathrm{d}x_n^2 \quad (2)\end{aligned}$$

写出点 M_0 处的系数矩阵

$$\boldsymbol{A} = \begin{pmatrix} \dfrac{\partial^2 f(M_0)}{\partial x_1^2} & \dfrac{\partial^2 f(M_0)}{\partial x_1 \partial x_2} & \dfrac{\partial^2 f(M_0)}{\partial x_1 \partial x_3} & \cdots & \dfrac{\partial^2 f(M_0)}{\partial x_1 \partial x_n} \\ \dfrac{\partial^2 f(M_0)}{\partial x_1 \partial x_2} & \dfrac{\partial^2 f(M_0)}{\partial x_2^2} & \dfrac{\partial^2 f(M_0)}{\partial x_2 \partial x_3} & \cdots & \dfrac{\partial^2 f(M_0)}{\partial x_2 \partial x_n} \\ \vdots & \vdots & \vdots & & \vdots \\ \dfrac{\partial^2 f(M_0)}{\partial x_1 \partial x_n} & \dfrac{\partial^2 f(M_0)}{\partial x_2 \partial x_n} & \dfrac{\partial^2 f(M_0)}{\partial x_3 \partial x_n} & \cdots & \dfrac{\partial^2 f(M_0)}{\partial x_n^2} \end{pmatrix}$$

(c) 计算矩阵 $\boldsymbol{A}$ 的特征值或顺序主子式等，判断矩阵的性质(正定、负定、不定). 若矩阵 $\boldsymbol{A}$ 是正定的，则驻

点 M_0 为极小值点；若矩阵 $\mathbf{A}$ 是负定的，则驻点 M_0 为极大值点；若矩阵 $\mathbf{A}$ 是不定的，则驻点 M_0 不是极值点.

(a) 和(c) 只是计算，没有需要证明的内容，需给出(b) 的理论依据.

令 $F(M)=\mathrm{d}^2 f(M)$，可得表达式 $F(M)$ 是一个二次型的形式，故可通过矩阵

$$\mathbf{A}_1=\begin{pmatrix}\frac{\partial^2 f(M)}{\partial x_1^2} & \frac{\partial^2 f(M)}{\partial x_1\partial x_2} & \frac{\partial^2 f(M)}{\partial x_1\partial x_3} & \cdots & \frac{\partial^2 f(M)}{\partial x_1\partial x_n}\\ \frac{\partial^2 f(M)}{\partial x_1\partial x_2} & \frac{\partial^2 f(M)}{\partial x_2^2} & \frac{\partial^2 f(M)}{\partial x_2\partial x_3} & \cdots & \frac{\partial^2 f(M)}{\partial x_2\partial x_n}\\ \vdots & \vdots & \vdots & & \vdots\\ \frac{\partial^2 f(M)}{\partial x_1\partial x_n} & \frac{\partial^2 f(M)}{\partial x_2\partial x_n} & \frac{\partial^2 f(M)}{\partial x_3\partial x_n} & \cdots & \frac{\partial^2 f(M)}{\partial x_n^2}\end{pmatrix}$$

来判断二次型 $F(M)$ 的符号，又 $F(M)$ 是连续的，由连续函数的保号性，则存在 $U_2(M_0,\delta_2)$，对任意的 $M\in U_2(M_0,\delta_2)$，使得 $F(M)$ 与 $F(M_0)$ 的符号一致，于是转化为判断 $F(M_0)$ 的符号，相应的判断矩阵 $\mathbf{A}_1$ 转化为 $\mathbf{A}$.

注　矩阵 $\mathbf{A}$ 的正定性的判定方法不唯一，特征值方法是其中一种，也可以通过顺序主子式是否都大于 0 等其他方法来判断.

例　求 $f(x,y,z)=x+\frac{y^2}{4x}+\frac{z^2}{y}+\frac{2}{z}(x>0,y>0,z>0)$ 的极值.

解　在定义域内函数的二阶微分存在且连续，令

$$\mathrm{d}f(x,y,z)=\left(1-\frac{y^2}{4x^2}\right)\mathrm{d}x+\left(\frac{y}{2x}-\frac{z^2}{y^2}\right)\mathrm{d}y+\left(\frac{2z}{y}-\frac{2}{z^2}\right)\mathrm{d}z=0$$

得方程组

$$\begin{cases} 1-\dfrac{y^2}{4x^2}=0 \\ \dfrac{y}{2x}-\dfrac{z^2}{y^2}=0 \\ \dfrac{2z}{y}-\dfrac{2}{z^2}=0 \end{cases}$$

解得驻点 $M_0=(0.5,1,1)$，又求得

$$d^2 f(x,y,z)=\frac{y^2}{2x^3}dx^2-\frac{y}{x^2}dxdy+\left(\frac{1}{2x}+\frac{2z^2}{y^3}\right)dy^2-\frac{4z}{y^2}dydz+\left(\frac{2}{y}+\frac{4}{z^2}\right)dz^2$$

则将 M_0 代入得

$$d^2 f(0.5,1,1)=4dx^2-4dxdy+3dy^2-4dydz+6dz^2 \tag{3}$$

得到判别矩阵 $\mathbf{A}=\begin{pmatrix} 4 & -2 & 0 \\ -2 & 3 & -2 \\ 0 & -2 & 6 \end{pmatrix}$，易知 $\mathbf{A}$ 为正定矩阵. 所以，点 M_0 为极小值点，极小值为 $f(M_0)=4$.

第二编

二次型理论在初等数学中的更多应用

邵美悦博士论二次型

第6章

深圳实验中学校长朱华伟博士对目前饱受诟病的中学生在中学时优秀而毕业后对数学无兴趣的现象开出的药方是:往深里学！这就对教师提出了更高的要求,他们一定要了解初等题目的高等背景.下面引的是邵美悦博士的一篇博文,最先发表于湖南师范大学叶军老师的公众号上.而提出的问题是:

问题 1　设 a,b,c 是不全为零的实数,求

$$F=\frac{ab-bc+c^2}{a^2+2b^2+3c^2}$$

的取值范围及最值点.

问题 2 设 a,b,c 为实数,证明

$$-\frac{3}{2}(a^2+b^2+2c^2)\leqslant 3ab+bc+ca\leqslant \frac{3+\sqrt{13}}{4}(a^2+b^2+2c^2)$$

问题 3 设实数 a,b,c 满足 $ab+bc+ca=1$,求 $40a^2+20b^2+10c^2$ 能取到的最小整数值.

问题 4 设实数 a,b 满足 $6a^2+4b^2+6ab=1$,求 a^2-b^2 的最大值.

这些问题没有什么很本质的区别,可以用线性代数的方法统一求解,只是计算量有所差异. 我们简要介绍一下相关问题的求解方法.

二次型一般可以用实对称矩阵来表示,以问题 1 为例,引进向量 $\boldsymbol{x}=(a\quad b\quad c)^{\mathrm{T}}$ 及矩阵

$$\boldsymbol{A}=\begin{pmatrix}0 & \frac{1}{2} & 0\\ \frac{1}{2} & 0 & -\frac{1}{2}\\ 0 & -\frac{1}{2} & 1\end{pmatrix},\boldsymbol{B}=\begin{pmatrix}1 & 0 & 0\\ 0 & 2 & 0\\ 0 & 0 & 3\end{pmatrix}$$

原问题可改写成求

$$F=\frac{\boldsymbol{x}^{\mathrm{T}}\boldsymbol{A}\boldsymbol{x}}{\boldsymbol{x}^{\mathrm{T}}\boldsymbol{B}\boldsymbol{x}}$$

的取值范围,其中 $\boldsymbol{x}=(a\quad b\quad c)^{\mathrm{T}}\neq\mathbf{0}$. 其余几个问题也类似.

这类问题都可以归结为线性代数中的特征值问题. 我们先来回顾一下实对称矩阵的谱分解定理.

定理 1(谱分解) 对于实对称矩阵 $\boldsymbol{A}\in\mathbf{R}^{n\times n}$,一定存在实正交阵 $\boldsymbol{Q}$ 和实对角阵 $\boldsymbol{\Lambda}$ 使得 $\boldsymbol{A}=\boldsymbol{Q}\boldsymbol{\Lambda}\boldsymbol{Q}^{\mathrm{T}}$.

由谱分解定理可以立刻得到以下结论.

定理 2　若实对称矩阵 $\boldsymbol{A}\in\mathbf{R}^{n\times n}$ 的特征值为

$$\lambda_1\leqslant\lambda_2\leqslant\cdots\leqslant\lambda_n$$

那么

$$\left\{\frac{\boldsymbol{x}^{\mathrm{T}}\boldsymbol{A}\boldsymbol{x}}{\boldsymbol{x}^{\mathrm{T}}\boldsymbol{x}}:\boldsymbol{x}\in\mathbf{R}^n\backslash\{\boldsymbol{0}\}\right\}=\{\boldsymbol{x}^{\mathrm{T}}\boldsymbol{A}\boldsymbol{x}:\boldsymbol{x}\in\mathbf{R}^n,\boldsymbol{x}^{\mathrm{T}}\boldsymbol{x}=1\}=[\lambda_1,\lambda_n]$$

证明　由于在 $\frac{\boldsymbol{x}^{\mathrm{T}}\boldsymbol{A}\boldsymbol{x}}{\boldsymbol{x}^{\mathrm{T}}\boldsymbol{x}}$ 中分子和分母都是关于 $\boldsymbol{x}$ 的二次齐次式,所以利用数乘变换 $\boldsymbol{y}=\boldsymbol{x}(\boldsymbol{x}^{\mathrm{T}}\boldsymbol{x})^{-\frac{1}{2}}$ 立即得到

$$\left\{\frac{\boldsymbol{x}^{\mathrm{T}}\boldsymbol{A}\boldsymbol{x}}{\boldsymbol{x}^{\mathrm{T}}\boldsymbol{x}}:\boldsymbol{x}\in\mathbf{R}^n\backslash\{\boldsymbol{0}\}\right\}=\{\boldsymbol{y}^{\mathrm{T}}\boldsymbol{A}\boldsymbol{y}:\boldsymbol{y}\in\mathbf{R}^n,\boldsymbol{y}^{\mathrm{T}}\boldsymbol{y}=1\}$$

然后利用 $\boldsymbol{A}$ 的谱分解 $\boldsymbol{A}=\boldsymbol{Q}\boldsymbol{\Lambda}\boldsymbol{Q}^{\mathrm{T}}$ 构造正交变换 $\boldsymbol{y}=\boldsymbol{Q}\boldsymbol{z}$ 得

$$\boldsymbol{y}^{\mathrm{T}}\boldsymbol{y}=\boldsymbol{z}^{\mathrm{T}}\boldsymbol{z}=1$$

$$\boldsymbol{y}^{\mathrm{T}}\boldsymbol{A}\boldsymbol{y}=\boldsymbol{z}^{\mathrm{T}}\boldsymbol{\Lambda}\boldsymbol{z}$$

这里可以额外要求 $\boldsymbol{\Lambda}=\mathrm{diag}\{\lambda_1,\cdots,\lambda_n\}$. 再设

$$\boldsymbol{z}=(z_1\quad\cdots\quad z_n)^{\mathrm{T}}$$

那么

$$\boldsymbol{z}^{\mathrm{T}}\boldsymbol{\Lambda}\boldsymbol{z}=\sum_{i=1}^{n}\lambda_i z_i^2$$

是以 z_i^2 为权重对 λ_i 进行凸组合的结果,因此其取值范围是 $[\lambda_1,\lambda_n]$.

由于定理 2 非常重要,我们再另外补充几点注记:

注 1　从证明中可以看到,当 $\boldsymbol{z}=(1\quad 0\quad\cdots\quad 0)^{\mathrm{T}}$ 时,相应的 $\boldsymbol{y}$ 是 λ_1 对应的特征向量,此时 $\boldsymbol{y}^{\mathrm{T}}\boldsymbol{A}\boldsymbol{y}$ 取到最小值. 类似地,当 $\boldsymbol{y}$ 是 λ_n 对应的特征向量时 $\boldsymbol{y}^{\mathrm{T}}\boldsymbol{A}\boldsymbol{y}$ 取到最大值.

注 2 定理结论中的集合称为 $\boldsymbol{A}$ 的数值域(Numerical range),$\dfrac{\boldsymbol{x}^{\mathrm{T}}\boldsymbol{A}\boldsymbol{x}}{\boldsymbol{x}^{\mathrm{T}}\boldsymbol{x}}$ 称为 $\boldsymbol{x}$ 关于 $\boldsymbol{A}$ 的 Rayleigh 商(Rayleigh quotient). 很明显,$\boldsymbol{A}$ 的特征向量的 Rayleigh 商等于其相应的特征值.

注 3 从几何上讲,定理 2 说明二次曲面 $\{\boldsymbol{x}\in\mathbf{R}^n:\boldsymbol{x}^{\mathrm{T}}\boldsymbol{A}\boldsymbol{x}=\alpha\}$ 与单位球 $\{\boldsymbol{x}\in\mathbf{R}^n:\boldsymbol{x}^{\mathrm{T}}\boldsymbol{x}=1\}$ 有公共点的充要条件是 $\lambda_1\leqslant\alpha\leqslant\lambda_n$.

注 4 定理 2 还可以用 Lagrange 乘子法进行证明,只需对 Lagrange 泛函

$$L(\boldsymbol{x},\lambda)=\boldsymbol{x}^{\mathrm{T}}\boldsymbol{A}\boldsymbol{x}-(\boldsymbol{x}^{\mathrm{T}}\boldsymbol{x}-1)\lambda$$

求导得一阶条件 $\boldsymbol{A}\boldsymbol{x}=\lambda\boldsymbol{x}$,求二阶导再利用 $\boldsymbol{A}-\lambda_1\boldsymbol{I}$ 的半正定性及 $\boldsymbol{A}-\lambda_n\boldsymbol{I}$ 的半负定性来确定最值.

注 5 该定理的一般形式是 Courant-Fischer 极大极小定理

$$\lambda_k=\max_{\substack{\chi\subset\mathbf{R}^n\\ \dim(\chi)=k}}\ \min_{\substack{x\in\chi\\ \boldsymbol{x}^{\mathrm{T}}\boldsymbol{x}=1}}\boldsymbol{x}^{\mathrm{T}}\boldsymbol{A}\boldsymbol{x}=\min_{\substack{\chi\subset\mathbf{R}^n\\ \dim(\chi)=n+1-k}}\ \max_{\substack{x\in\chi\\ \boldsymbol{x}^{\mathrm{T}}\boldsymbol{x}=1}}\boldsymbol{x}^{\mathrm{T}}\boldsymbol{A}\boldsymbol{x}$$

从 Lagrange 乘子法也确实可以看出所有特征值都是驻点.

注 6 该定理可以推广到正规矩阵,其数值域是以其特征值为端点的凸包,证明方法完全一致.

定理 2 在很多线性代数的教材中作为习题出现,应该说难度是比较低的,但是这一简单的工具其实已经足以解决本章开始的问题. 比如在问题 1 中作变量代换

$$\tilde{a}=a,\tilde{b}=\sqrt{2}b,\tilde{c}=\sqrt{3}c$$

后即可归结到能直接套用定理 2 的形式. 不过这样的

变量代换并不总是如此显然，所以我们再进一步介绍较为一般的化简方法.

当 $\boldsymbol{B}$ 是对称正定阵时，$\dfrac{\boldsymbol{x}^{\mathrm{T}}\boldsymbol{A}\boldsymbol{x}}{\boldsymbol{x}^{\mathrm{T}}\boldsymbol{B}\boldsymbol{x}}$ 的取值范围也可以用与求 $\dfrac{\boldsymbol{x}^{\mathrm{T}}\boldsymbol{A}\boldsymbol{x}}{\boldsymbol{x}^{\mathrm{T}}\boldsymbol{x}}$ 的取值范围类似的方法求出. 比如我们用 Lagrange 乘子法，引进约束条件 $\boldsymbol{x}^{\mathrm{T}}\boldsymbol{B}\boldsymbol{x}=1$ 后构造 Lagrange 泛函

$$L(\boldsymbol{x},\lambda)=\boldsymbol{x}^{\mathrm{T}}\boldsymbol{A}\boldsymbol{x}-(\boldsymbol{x}^{\mathrm{T}}\boldsymbol{B}\boldsymbol{x}-1)\lambda$$

对 $\boldsymbol{x}$ 求导得到一阶条件

$$\frac{\partial L}{\partial \boldsymbol{x}}=2(\boldsymbol{A}\boldsymbol{x}-\boldsymbol{B}\boldsymbol{x}\lambda)=0$$

或者写成所谓的广义特征值问题

$$\boldsymbol{A}\boldsymbol{x}=\boldsymbol{B}\boldsymbol{x}\lambda$$

我们把满足 $\boldsymbol{A}\boldsymbol{x}=\boldsymbol{B}\boldsymbol{x}\lambda$ 且 $\boldsymbol{x}\neq\boldsymbol{0}$ 的复数 λ 称为这个广义特征值问题（或者说对称正定对 $(\boldsymbol{A},\boldsymbol{B})$）的特征值，$\boldsymbol{x}$ 是相应的特征向量. 很明显这个特征值问题的特征多项式是 $\det(\lambda\boldsymbol{B}-\boldsymbol{A})$. 由于 $\boldsymbol{B}$ 正定表明 $\boldsymbol{B}$ 非奇异，广义特征值问题 $\boldsymbol{A}\boldsymbol{x}=\boldsymbol{B}\boldsymbol{x}\lambda$ 可以转化为标准特征值问题 $\boldsymbol{B}^{-1}\boldsymbol{A}\boldsymbol{x}=\boldsymbol{x}\lambda$，不过这样转化得到的 $\boldsymbol{B}^{-1}\boldsymbol{A}$ 不再是对称矩阵.

事实上我们可以将该问题归结到一个对称矩阵的标准特征值问题，从而证明 $(\boldsymbol{A},\boldsymbol{B})$ 在计代数重数或几何重数的意义下总有 n 个实特征值. 为此我们只需找一个非奇异矩阵 $\boldsymbol{L}$ 使得 $\boldsymbol{B}=\boldsymbol{L}\boldsymbol{L}^{\mathrm{T}}$ 即可. 这样的非奇异矩阵 $\boldsymbol{L}$ 总是存在的，并且可以取成下三角矩阵（如果再额外要求 $\boldsymbol{L}$ 的对角元是正数，则 $\boldsymbol{B}=\boldsymbol{L}\boldsymbol{L}^{\mathrm{T}}$ 就是所谓的 Cholesky 分解，可以用 Gauss 消去法算出）. 接下来利用线性变换 $\boldsymbol{y}=\boldsymbol{L}^{\mathrm{T}}\boldsymbol{x}$ 就得到

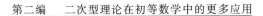

$$(L^{-1}AL^{-\mathrm{T}})y=y\lambda$$

这里 $L^{-1}AL^{-\mathrm{T}}$ 就是一个实对称矩阵，可以确保其特征值都是实数. 如果进一步将 $L^{-1}AL^{-\mathrm{T}}$ 对角化，就可以得到对称正定对(A,B)的谱分解.

定理 3（谱分解） 对于实对称矩阵 $A\in\mathbf{R}^{n\times n}$ 和实对称正定矩阵 $B\in\mathbf{R}^{n\times n}$，一定存在非奇异矩阵 X 和实对角阵 Λ 使得

$$X^{\mathrm{T}}AX=\Lambda$$
$$X^{\mathrm{T}}BX=I$$

至此我们已经知道了(A,B)的特征值的结构，那么不论是用合同变换对角化的方法，还是用 Lagrange 乘子法，都不难证明以下结论.

定理 4 若 $A\in\mathbf{R}^{n\times n}$ 是实对称矩阵，$B\in\mathbf{R}^{n\times n}$ 是实对称正定矩阵，(A,B)的特征值为

$$\lambda_1\leqslant\lambda_2\leqslant\cdots\leqslant\lambda_n$$

那么

$$\left\{\frac{x^{\mathrm{T}}Ax}{x^{\mathrm{T}}Bx}:x\in\mathbf{R}^n\backslash\{\mathbf{0}\}\right\}=\{x^{\mathrm{T}}Ax:x\in\mathbf{R}^n,x^{\mathrm{T}}Bx=1\}=[\lambda_1,\lambda_n]$$

这里的$\dfrac{x^{\mathrm{T}}Ax}{x^{\mathrm{T}}Bx}$也称为 Rayleigh 商，性质与之前定理 2 的注记中提到的类似，这里不再重述.

有了定理 4，之前的几个问题都可以统一解决. 比如问题 1，可以定义矩阵

$$A=\begin{pmatrix}0&\frac{1}{2}&0\\\frac{1}{2}&0&-\frac{1}{2}\\0&-\frac{1}{2}&1\end{pmatrix}$$

$$\boldsymbol{B}=\begin{pmatrix}1&0&0\\0&2&0\\0&0&3\end{pmatrix}$$

解特征方程

$$\det(\lambda\boldsymbol{B}-\boldsymbol{A})=\frac{1}{4}(2\lambda-1)(12\lambda^2+2\lambda-1)=0$$

得到

$$\lambda_1=\frac{-1-\sqrt{13}}{12}$$

$$\lambda_2=\frac{-1+\sqrt{13}}{12}$$

$$\lambda_3=\frac{1}{2}$$

从而得到 F 的取值范围. 最大值点可以通过解齐次线性方程$(\boldsymbol{A}-\lambda_3\boldsymbol{B})\boldsymbol{x}=\boldsymbol{0}$求出相应的特征向量来得到,对于最小值点也类似.

问题 2 和问题 4 的处理方式与问题 1 完全相同,不过问题 3 有点细微的区别. 首先取

$$\boldsymbol{A}=\begin{pmatrix}40&0&0\\0&20&0\\0&0&10\end{pmatrix}$$

$$\boldsymbol{B}=\begin{pmatrix}0&\frac{1}{2}&\frac{1}{2}\\\frac{1}{2}&0&\frac{1}{2}\\\frac{1}{2}&\frac{1}{2}&0\end{pmatrix}$$

尽管此时 $\boldsymbol{B}$ 不是正定阵,但是 $\boldsymbol{A}$ 正定,所以我们可以将问题等价转化为求$\frac{\boldsymbol{x}^{\mathrm{T}}\boldsymbol{A}\boldsymbol{x}}{\boldsymbol{x}^{\mathrm{T}}\boldsymbol{B}\boldsymbol{x}}$ 的最大特征值. 当然,如果不

作转化直接处理也是有相应工具的，这需要用到正定束的变分性质，可参阅另一篇文章《一道最值问题的本质》.

不论是特征值法还是 Lagrange 乘子法，一旦超出中学大纲则难以在考试时使用. 不过学会这些较为深刻的方法自然不至于吃亏，反而大占便宜，最后我们再介绍一下适用于考试的“初等”配方法. 我们以最简单的问题 4 为例. 在分析问题时我们可以引进

$$\boldsymbol{A}=\begin{pmatrix}1 & 0\\0 & -1\end{pmatrix},\boldsymbol{B}=\begin{pmatrix}6 & 3\\3 & 4\end{pmatrix}$$

并求出$(\boldsymbol{A},\boldsymbol{B})$的特征值

$$\lambda_1=-\frac{1}{3},\lambda_2=\frac{1}{5}$$

此时我们已经知道在 $6a^2+4b^2+6ab=1$ 的条件下 a^2-b^2 的最大值是$\lambda_2=\frac{1}{5}$. 事实上我们还知道 $\boldsymbol{A}-\lambda_2\boldsymbol{B}$ 是一个秩为 1 的半负定阵. 于是利用

$$\boldsymbol{A}-\lambda_2\boldsymbol{B}=-\begin{pmatrix}\frac{1}{5} & \frac{3}{5}\\ \frac{3}{5} & \frac{9}{5}\end{pmatrix}=-\frac{1}{5}\begin{pmatrix}1\\3\end{pmatrix}\begin{pmatrix}1\\3\end{pmatrix}^{\mathrm{T}}$$

可得

$$a^2-b^2=(a\quad b)\boldsymbol{A}\begin{pmatrix}a\\b\end{pmatrix}=$$

$$(a\quad b)(\boldsymbol{A}-\lambda_2\boldsymbol{B})\begin{pmatrix}a\\b\end{pmatrix}+\lambda_2(a\quad b)\boldsymbol{B}\begin{pmatrix}a\\b\end{pmatrix}=$$

$$-\frac{1}{5}(a+3b)^2+\frac{1}{5}(6a^2+6ab+4b^2)$$

于是考试时可以隐去上面的步骤直接写

$$a^2-b^2=\frac{1}{5}(6a^2+6ab+4b^2)-$$

$$\frac{1}{5}(a+3b)^2\leqslant\frac{1}{5}$$

再简要说明一下等号确实能取到，这样即可得到一个快速的解答. 其余问题也可以如此解决，只不过秩从 1 变成 2 会导致多出一个平方项，比如问题 2 可由

$$3ab+bc+ca+\frac{3}{2}(a^2+b^2+2c^2)=$$

$$\frac{3}{2}\left(a+b+\frac{c}{3}\right)^2+\frac{17}{6}c^2\geqslant 0$$

及

$$3ab+bc+ca-\frac{3+\sqrt{13}}{4}(a^2+b^2+2c^2)=$$

$$-\frac{9+\sqrt{13}}{8}(a-b)^2-$$

$$\frac{\sqrt{13}-3}{8}(a+b-(3+\sqrt{13})c)^2\leqslant 0$$

得证. 当然，需要重申的是，这种配方策略我们仅作为适用考试的技巧介绍，尽管写起来很简洁但并不推荐，值得提倡的仍然是较为本质的高等方法.

单墫教授的一个例子

第 7 章

§1 二次形式

设 $a_k,b_k,c_k\in\mathbf{R},k=1,2,\cdots,n$，求证

$$\left(\sum a_kb_k\right)^2+\left(\sum a_kc_k\right)^2\leqslant\frac{1}{2}\sum a_k^2\left(\sum b_k^2+\sum c_k^2+\sqrt{\left(\sum b_k^2-\sum c_k^2\right)^2+4\left(\sum b_kc_k\right)^2}\right)\quad(1)$$

证明 利用柯西不等式，易得

$$\left(\sum a_kb_k\right)^2+\left(\sum a_kc_k\right)^2\leqslant\sum a_k^2\sum b_k^2+\sum a_k^2\sum c_k^2\quad(2)$$

现在不等式(1) 右边根号中的

$$\left(\sum b_k^2-\sum c_k^2\right)^2+4\left(\sum b_kc_k\right)^2\leqslant$$

$$\left(\sum b_k^2\right)^2+\left(\sum c_k^2\right)^2-$$

$$2\sum b_k^2\sum c_k^2+4\sum b_k^2\sum c_k^2=$$

$$\left(\sum b_k^2+\sum c_k^2\right)^2 \tag{3}$$

所以,式(1) 右边 $\leqslant$ 式(2) 右边,即(1) 比通常的柯西不等式稍强.

不等式(1) 的证法不止一种,但并不是很容易.

首先,我们来看一个简单的问题:已知 $x,y\in\mathbf{R}$,且

$$x^2+y^2=1 \tag{4}$$

求 $Ax^2+2Bxy+Cy^2$(A,B,C 为常数) 的最大值.

这个问题不难,可令

$$x=\cos\alpha,y=\sin\alpha \tag{5}$$

则

$$Ax^2+2Bxy+Cy^2=$$

$$A\cdot\frac{1+\cos 2\alpha}{2}+B\sin 2\alpha+C\cdot\frac{1-\cos 2\alpha}{2}=$$

$$\frac{1}{2}(A+C+(A-C)\cos 2\alpha+2B\sin 2\alpha)\leqslant$$

$$\frac{1}{2}\left(A+C+\sqrt{(A-C)^2+4B^2}\right) \tag{6}$$

在 $\alpha=\frac{1}{2}\arccos\frac{A-C}{\sqrt{(A-C)^2+4B^2}}$(若 $B<0$,则需将 $\frac{1}{2}$ 改为 $-\frac{1}{2}$) 时,等号成立,即所求最大值为

$$\frac{1}{2}\left(A+C+\sqrt{(A-C)^2+4B^2}\right) \tag{7}$$

另一种解法是旋转坐标轴，即令

$$\begin{cases}\xi = x\cos\alpha + y\sin\alpha \\ \eta = -x\sin\alpha + y\cos\alpha\end{cases} \tag{8}$$

条件(4) 化为

$$\xi^2 + \eta^2 = 1 \tag{9}$$

而在椭圆 $Ax^2 + 2Bxy + Cy^2 = 1$ 的长轴、短轴成为坐标轴时，有

$$Ax^2 + 2Bxy + Cy^2 = \lambda_1\xi^2 + \lambda_2\eta^2 \tag{10}$$

熟知

$$A = \lambda_1\cos^2\alpha + \lambda_2\sin^2\alpha \tag{11}$$

$$C = \lambda_1\sin^2\alpha + \lambda_2\cos^2\alpha \tag{12}$$

$$B = (\lambda_1 - \lambda_2)\sin\alpha\cos\alpha \tag{13}$$

所以(熟悉解析几何变量的人可以直接得出)

$$\lambda_1 + \lambda_2 = A + C \tag{14}$$

$$\lambda_1\lambda_2 = AC - B^2 \tag{15}$$

$$\lambda_{1,2} = \frac{1}{2}(A + C \pm \sqrt{(A+C)^2 - 4(AC - B^2)}) \tag{16}$$

即大特征值与小特征值分别为

$$\lambda_1 = \frac{1}{2}(A + C + \sqrt{(A-C)^2 + 4B^2}) \tag{17}$$

$$\lambda_2 = \frac{1}{2}(A + C - \sqrt{(A-C)^2 + 4B^2}) \tag{18}$$

$$\lambda_1\xi^2 + \lambda_2\eta^2 \leqslant \lambda_1(\xi^2 + \eta^2) = \lambda_1 \tag{19}$$

所以 $Ax^2 + 2Bxy + Cy^2$ 的最大值是(17).

同理，$Ax^2 + 2Bxy + Cy^2$ 的最小值是(18).

以上结论可称为引理. 回到原问题. 令

$$\alpha_k = \frac{a_k}{\sum a_k^2} \quad (k = 1, 2, \cdots, n) \tag{20}$$

则

$$\sum \alpha_k^2 = 1 \tag{21}$$

问题化为在条件(1) 下,求二次形式

$$(\sum b_k \alpha_k)^2 + (\sum c_k \alpha_k)^2 = f(\alpha_1, \alpha_2, \cdots, \alpha_n) \tag{22}$$

的最大值.

令 $c'_h = c_h - \dfrac{\sum b_k c_k}{\sum b_k^2} b_h (h = 1, 2, \cdots, n)$,则

$$\sum c'_k b_k = 0 \tag{23}$$

$$\sum c'^2_k = \sum c_k c'_k = \sum c_k^2 - \frac{(\sum b_k c_k)^2}{\sum b_k^2} \tag{24}$$

又令

$$\beta_h = \frac{b_h}{\sqrt{\sum b_k^2}}, \gamma_h = \frac{c'_h}{\sqrt{\sum c_k^2}} \tag{25}$$

则由(23) 知

$$\sum \beta_k \gamma_k = 0 \tag{26}$$

$$f = f(\alpha_1, \alpha_2, \cdots, \alpha_n) =$$

$$(\sum b_k \alpha_k)^2 + \left[\sum \left(c'_h + \frac{\sum b_k c_k}{\sum b_k^2} b_h\right) \alpha_h\right]^2 =$$

$$\left[1 + \frac{(\sum b_k c_k)^2}{(\sum b_k^2)^2}\right] (\sum b_k \alpha_k)^2 + (\sum c'_k \alpha_k)^2 +$$

$$2 \sum c'_k \alpha_k \cdot \sum b_k \alpha_k \cdot \frac{\sum b_k c_k}{\sum b_k^2} =$$

$$\left[\sum b_k^2 + \frac{(\sum b_k c_k)^2}{\sum b_k^2}\right] (\sum \beta_k \alpha_k)^2 +$$

$$\sum c'^2_k (\sum \gamma_k \alpha_k)^2 + 2\sum \gamma_k \alpha_k \sum \beta_k \alpha_k \cdot$$

$$\frac{\sum b_k c_k}{\sum b_k^2} \sqrt{\sum b_k^2 \sum c'^2_k} =$$

$$A\xi^2 + 2B\xi\eta + C\eta^2 \tag{27}$$

其中

$$\xi = \sum \beta_k \alpha_k, \eta = \sum \gamma_k \alpha_k \tag{28}$$

$$A = \sum b_k^2 + \frac{(\sum b_k c_k)^2}{\sum b_k^2} \tag{29}$$

$$C = \sum c'^2_k = \sum c_k^2 - \frac{(\sum b_k c_k)^2}{\sum b_k^2} \tag{30}$$

$$B = \frac{\sum b_k c_k}{\sum b_k^2} \sqrt{\sum b_k^2 \cdot \sum c'^2_k} \tag{31}$$

设 $\xi^2 + \eta^2 = l^2$，则与引理类似，设

$$\xi = l\cos\alpha, \eta = l\sin\alpha \tag{32}$$

便可得 f 的最大值为

$$\frac{l^2}{2}(A + C + \sqrt{(A-C)^2 + 4B^2}) \tag{33}$$

其中

$$(A-C)^2 + 4B^2 = (A+C)^2 - 4(AC - B^2) =$$

$$(\sum b_k^2 + \sum c_k^2)^2 -$$

$$4\left[\left(\sum b_k^2 + \frac{(\sum b_k c_k)^2}{\sum b_k^2}\right) \sum c'^2_k -\right.$$

$$\left.\left(\frac{\sum b_k c_k}{\sum b_k^2}\right)^2 \sum b_k^2 \sum c'^2_k\right] =$$

$$(\sum b_k^2 + \sum c_k^2)^2 -$$

$$4\sum b_k^2\sum c'^2_k=$$
$$(\sum b_k^2+\sum c_k^2)^2-$$
$$4\sum b_k^2\left[\sum c_k^2-\frac{(\sum b_kc_k)^2}{\sum b_k^2}\right]=$$
$$(\sum b_k^2+\sum c_k^2)^2-$$
$$4\sum b_k^2\sum c_k^2+4(\sum b_kc_k)^2=$$
$$(\sum b_k^2-\sum c_k^2)^2+$$
$$4(\sum b_kc_k)^2 \tag{34}$$

因此,只需证明 $l^2\leqslant 1$. 令

$$\alpha'_k=\alpha_k-(\sum\alpha_h\beta_h)\beta_k-(\sum\alpha_h\gamma_h)\gamma_k$$
$$(k=1,2,\cdots,n) \tag{35}$$

则由(26) 知

$$\sum\alpha'_k\beta_k=\sum\alpha_k\beta_k-$$
$$(\sum\alpha_h\beta_h)\sum\beta_h^2-$$
$$(\sum\alpha_h\gamma_h)\sum\gamma_k\beta_k=$$
$$\sum\alpha_k\beta_k-\sum\alpha_h\beta_h=0 \tag{36}$$

同样

$$\sum\alpha'_k\gamma_k=0 \tag{37}$$

所以由(36)(37),得到

$$0\leqslant\sum\alpha'^2_k=\sum\alpha'_k\alpha_k=$$
$$\sum\alpha_k^2-(\sum\alpha_k\beta_k)^2-(\sum\alpha_k\gamma_k)^2=$$
$$1-\xi^2-\eta^2 \tag{38}$$

由(38) 可知

$$l^2=\xi^2+\eta^2\leqslant 1 \tag{39}$$

由(33)(34)(39) 即得(1).

上面的证法如采用向量,则几何背景更为清晰.

设 $\boldsymbol{e}_1,\boldsymbol{e}_2,\cdots,\boldsymbol{e}_n$ 为单位向量,令

$$\boldsymbol{\alpha}=\sum\alpha_k\boldsymbol{e}_k,\boldsymbol{b}=\sum b_k\boldsymbol{e}_k,\boldsymbol{c}=\sum c_k\boldsymbol{e}_k \tag{40}$$

向量 $\boldsymbol{b},\boldsymbol{c}$ 的数量积 $\boldsymbol{b}\cdot\boldsymbol{c}=\sum b_kc_k$ 未必为 0,即未必正交(垂直).先正交化,令

$$\boldsymbol{c}'=\boldsymbol{c}-\frac{\boldsymbol{b}\cdot\boldsymbol{c}}{\boldsymbol{b}\cdot\boldsymbol{b}}\boldsymbol{b} \tag{41}$$

则 $\boldsymbol{b},\boldsymbol{c}'$ 正交,即

$$\boldsymbol{c}'\cdot\boldsymbol{b}=\boldsymbol{c}\cdot\boldsymbol{b}-\frac{\boldsymbol{b}\cdot\boldsymbol{c}}{\boldsymbol{b}\cdot\boldsymbol{b}}\boldsymbol{b}\cdot\boldsymbol{b}=0 \tag{42}$$

再正规化,令

$$\boldsymbol{\beta}=\frac{\boldsymbol{b}}{\sqrt{\boldsymbol{b}\cdot\boldsymbol{b}}},\boldsymbol{\gamma}=\frac{\boldsymbol{c}'}{\sqrt{\boldsymbol{c}'\cdot\boldsymbol{c}'}} \tag{43}$$

则

$$\begin{aligned}
f=&(\boldsymbol{b}\cdot\boldsymbol{\alpha})^2+(\boldsymbol{c}\cdot\boldsymbol{\alpha})^2=\\
&(\boldsymbol{b}\cdot\boldsymbol{\alpha})^2+\left(\left(\boldsymbol{c}'+\frac{\boldsymbol{b}\cdot\boldsymbol{c}}{\boldsymbol{b}\cdot\boldsymbol{b}}\boldsymbol{b}\right)\cdot\boldsymbol{\alpha}\right)^2=\\
&(\boldsymbol{b}\cdot\boldsymbol{\alpha})^2+(\boldsymbol{c}'\cdot\boldsymbol{\alpha})^2+\\
&\left(\frac{\boldsymbol{b}\cdot\boldsymbol{c}}{\boldsymbol{b}\cdot\boldsymbol{b}}\right)^2(\boldsymbol{b}\cdot\boldsymbol{\alpha})^2+\\
&2\frac{\boldsymbol{b}\cdot\boldsymbol{c}}{\boldsymbol{b}\cdot\boldsymbol{b}}(\boldsymbol{c}'\cdot\boldsymbol{\alpha})(\boldsymbol{b}\cdot\boldsymbol{\alpha})=\\
&\left(\boldsymbol{b}\cdot\boldsymbol{b}+\frac{(\boldsymbol{b}\cdot\boldsymbol{c})^2}{\boldsymbol{b}\cdot\boldsymbol{b}}\right)(\boldsymbol{\beta}\cdot\boldsymbol{\alpha})^2+\\
&(\boldsymbol{c}'\cdot\boldsymbol{c}')(\boldsymbol{\gamma}\cdot\boldsymbol{\alpha})^2+\\
&2(\boldsymbol{\gamma}\cdot\boldsymbol{\alpha})(\boldsymbol{\beta}\cdot\boldsymbol{\alpha})\frac{\boldsymbol{b}\cdot\boldsymbol{c}}{\boldsymbol{b}\cdot\boldsymbol{b}}\sqrt{(\boldsymbol{b}\cdot\boldsymbol{b})(\boldsymbol{c}'\cdot\boldsymbol{c}')}
\end{aligned}$$

其中

$$\boldsymbol{c}'\cdot\boldsymbol{c}'=\boldsymbol{c}\cdot\boldsymbol{c}'=\boldsymbol{c}\cdot\boldsymbol{c}-\frac{(\boldsymbol{b}\cdot\boldsymbol{c})^2}{\boldsymbol{b}\cdot\boldsymbol{b}}\qquad(44)$$

令

$$\xi=\boldsymbol{\beta}\cdot\boldsymbol{\alpha},\eta=\boldsymbol{\gamma}\cdot\boldsymbol{\alpha}$$

$$A=\boldsymbol{b}\cdot\boldsymbol{b}+\frac{(\boldsymbol{b}\cdot\boldsymbol{c})^2}{\boldsymbol{b}\cdot\boldsymbol{b}}$$

$$C=\boldsymbol{c}'\cdot\boldsymbol{c}'=\boldsymbol{c}\cdot\boldsymbol{c}-\frac{(\boldsymbol{b}\cdot\boldsymbol{c})^2}{\boldsymbol{b}\cdot\boldsymbol{b}}$$

$$B=\frac{\boldsymbol{b}\cdot\boldsymbol{c}}{\boldsymbol{b}\cdot\boldsymbol{b}}\sqrt{(\boldsymbol{b}\cdot\boldsymbol{b})(\boldsymbol{c}'\cdot\boldsymbol{c}')}$$

则由引理可得 f 的最大值为(33),而且

$$\begin{aligned}AC-B^2=&(\boldsymbol{b}\cdot\boldsymbol{b})(\boldsymbol{c}'\cdot\boldsymbol{c}')+\frac{(\boldsymbol{b}\cdot\boldsymbol{c})^2}{\boldsymbol{b}\cdot\boldsymbol{b}}(\boldsymbol{c}'\cdot\boldsymbol{c}')-\\&\frac{(\boldsymbol{b}\cdot\boldsymbol{c})^2}{\boldsymbol{b}\cdot\boldsymbol{b}}(\boldsymbol{c}'\cdot\boldsymbol{c}')=\\&(\boldsymbol{b}\cdot\boldsymbol{b})(\boldsymbol{c}'\cdot\boldsymbol{c}')=\\&(\boldsymbol{b}\cdot\boldsymbol{b})(\boldsymbol{c}\cdot\boldsymbol{c})-(\boldsymbol{b}\cdot\boldsymbol{c})^2=\\&\sum b_k^2\sum c_k^2-(\sum b_kc_k)^2\end{aligned}\qquad(45)$$

所以,只需证明在 $\boldsymbol{\alpha},\boldsymbol{\beta},\boldsymbol{\gamma}$ 均为单位向量,并且 $\boldsymbol{\beta}\cdot\boldsymbol{\gamma}=0$ 时,有

$$(\boldsymbol{\beta}\cdot\boldsymbol{\alpha})^2+(\boldsymbol{\alpha}\cdot\boldsymbol{\gamma})^2\leqslant 1\qquad(46)$$

这可以按照上面的(35),令

$$\boldsymbol{\alpha}'=\boldsymbol{\alpha}-(\boldsymbol{\alpha}\cdot\boldsymbol{\beta})\boldsymbol{\beta}-(\boldsymbol{\alpha}\cdot\boldsymbol{\gamma})\boldsymbol{\gamma}\qquad(47)$$

则

$$\boldsymbol{\alpha}'\cdot\boldsymbol{\beta}=\boldsymbol{\alpha}\cdot\boldsymbol{\beta}-(\boldsymbol{\alpha}\cdot\boldsymbol{\beta})(\boldsymbol{\beta}\cdot\boldsymbol{\beta})=0$$

$$\boldsymbol{\beta}\cdot\boldsymbol{\gamma}=0\qquad(48)$$

$$\begin{aligned}0\leqslant\boldsymbol{\alpha}'\cdot\boldsymbol{\alpha}'=\boldsymbol{\alpha}'\cdot\boldsymbol{\alpha}=\boldsymbol{\alpha}\cdot\boldsymbol{\alpha}-\\(\boldsymbol{\alpha}\cdot\boldsymbol{\beta})^2-(\boldsymbol{\alpha}\cdot\boldsymbol{\gamma})^2=\end{aligned}$$

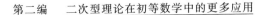

$$1-(\boldsymbol{\alpha}\cdot\boldsymbol{\beta})^2-(\boldsymbol{\alpha}\cdot\boldsymbol{\gamma})^2 \tag{49}$$

所以不等式(46)成立.

不等式(46)还可以用更简单的方法证明,即以 $\boldsymbol{\alpha}$ 为 x 轴的单位向量,$\boldsymbol{\alpha}=(1,0,0,\cdots,0)$,则不等式(46)成为

$$\beta_1^2+\gamma_1^2\leqslant 1 \tag{50}$$

其中 β_1,γ_1 分别为 $\boldsymbol{\beta}=(\beta_1,\beta_2,\cdots,\beta_n)$,$\boldsymbol{\gamma}=(\gamma_1,\gamma_2,\cdots,\gamma_n)$ 的第一分量,由 $\boldsymbol{\beta}\cdot\boldsymbol{\gamma}=0$,得

$$\begin{aligned}\beta_1^2\gamma_1^2=&(\beta_2\gamma_2+\beta_3\gamma_3+\cdots+\beta_n\gamma_n)^2\leqslant\\&(\beta_2^2+\beta_3^2+\cdots+\beta_n^2)(\gamma_2^2+\gamma_3^2+\cdots+\gamma_n^2)=\\&(1-\beta_1^2)(1-\gamma_1^2)=\\&1-\beta_1^2-\gamma_1^2+\beta_1^2\gamma_1^2\end{aligned}\tag{51}$$

即式(50)成立.

如果学过高等代数中的二次形式,本题有更简单的证法.

二次形式(22)的秩为1或2.如果秩为1,那么 $b_1,b_2,\cdots,b_n$ 与 $c_1,c_2,\cdots,c_n$ 成比例.(1)的右边即(2)的右边,结论当然成立.如果秩为2,那么它的标准型是 $\lambda_1x^2+\lambda_2y^2$,$\lambda_1\geqslant\lambda_2$ 是两个非零特征值,其余特征值为0,特征方程是

$$\begin{vmatrix}\lambda-(b_1^2+c_1^2) & -(b_1b_2+c_1c_2) & \cdots\\ -(b_1b_2+c_1c_2) & \lambda-(b_2^2+c_2^2) & \cdots\\ \cdots & \cdots & \cdots\\ \cdots & \cdots & \lambda-(b_n^2+c_n^2)\end{vmatrix}=0 \tag{52}$$

即

$$\lambda^n-\sum(b_k^2+c_k^2)\lambda^{n-1}+D\lambda^{n-2}=0 \tag{53}$$

其中

$$D=\sum_{k\leqslant h}((b_k^2+c_k^2)(b_h^2+c_h^2)-(b_kb_h+c_kc_h)^2)=\frac{1}{2}\sum_{k,h}(b_kc_h-b_hc_k)^2 \tag{54}$$

因此

$$\lambda_{1,2}=\frac{\sum(b_k^2+c_k^2)\pm\sqrt{(\sum(b_k^2+c_k^2))^2-2\sum(b_kc_h-b_hc_k)^2}}{2}=\frac{\sum(b_k^2+c_k^2)\pm\sqrt{(\sum b_k^2-\sum c_k^2)^2+4\sum(b_kc_k)^2}}{2} \tag{55}$$

从而二次形式 f 的最大值为 λ_1，即为

$$\frac{1}{2}(\sum b_k^2+\sum c_k^2+\sqrt{(\sum b_k^2-\sum c_k^2)^2+4\sum(b_kc_k)^2})$$

本题还可以用复数来解. 令

$$z_k=b_k+\mathrm{i}c_k\quad(k=1,2,\cdots,n) \tag{56}$$

则(1) 即

$$\left|\sum a_kz_k\right|^2\leqslant\frac{1}{2}\sum a_k^2(\sum|z_k|^2+\sum|z_k^2|) \tag{57}$$

设 $\sum a_kz_k$ 的辐角为 θ. 将每个 z_k 乘以 $\mathrm{e}^{-\mathrm{i}\theta}$，则 $\sum a_kz_k$ 被转到正实轴上，而 $\sum|z_k|^2$，$|\sum z_k|^2$ 均不改变. 因此，可设(57) 中的 $\sum a_kz_k$ 为正实数. 这时有

$$\sum a_kc_k=0$$

$$\sum a_kz_k=\sum a_kb_k \tag{58}$$

$$\left|\sum z_k^2\right|=\left|\sum(b_k^2-c_k^2+2b_kc_k\mathrm{i})\right|=\left|\sum(b_k^2-c_k^2)+\mathrm{i}\sum 2b_kc_k\right|\geqslant$$

$$|\sum(b_k^2-c_k^2)|\geqslant$$
$$\sum(b_k^2-c_k^2) \tag{59}$$

所以

$$\sum|z_k|^2+|\sum z_k^2|\geqslant$$
$$\sum(b_k^2+c_k^2)+\sum(b_k^2-c_k^2)=2\sum b_k^2$$
$$(\sum a_k z_k)^2=(\sum a_k b_k)^2\leqslant\sum a_k^2\sum b_k^2\leqslant$$
$$\frac{1}{2}\sum a_k^2(\sum|z_k|^2+\sum|z_k^2|) \tag{60}$$

复数的解法最为简单,其中的旋转起到很重要的作用.这一步看似显然,却并不容易想到.

§2　几个初等问题

例1　设 $f(x,y)=ax^2+2bxy+cy^2$,其中,a,b,c 是实数,又知 $D=ac-b^2>0$.

试证:存在不同时为零的整数 u,v,使得

$$|f(u,v)|\leqslant\left(\frac{4D}{3}\right)^{\frac{1}{2}}$$

(全苏联大学生数学奥林匹克竞赛,1977年)

证明　记 $\alpha=\min\limits_{\substack{(x,y)\in\mathbf{Z}^2\\(x,y)\neq(0,0)}}|f(x,y)|$.需证明 $\alpha\leqslant\left(\frac{4D}{3}\right)^{\frac{1}{2}}$.由于二次式为正定型,故存在不同时为零的整数 u,v,使 $\alpha=f(u,v)$.同时,因为 α 是最小值,数 u 和 v 互素,所以可求出这样的整数 r,s,使 $ur-vs=1$.研究

式 $g(x,y)=f(ux+sy,vx+ry)$. 因为变换的行列式等于1，故式 f 和 g 的判别式相同且它们在 $\mathbf{Z}^2$ 上的值的集合相同. 特别是

$$\alpha=\min_{\substack{(x,y)\in\mathbf{Z}^2\\(x,y)\neq(0,0)}}|g(x,y)|$$

则存在某个 β 和 γ 满足

$$g(x,y)=\alpha x^2+2\beta xy+\gamma y^2=$$
$$\alpha\left(x+\frac{\beta}{\alpha}y\right)^2+\frac{D}{\alpha}y^2$$

取这样的整数 v，使 $|v\frac{\beta}{\alpha}|\leqslant\frac{1}{2}$，那么

$$\alpha\leqslant|g(x,1)|\leqslant\frac{\alpha}{4}+\frac{D}{\alpha}$$

于是 $\alpha^2\leqslant\frac{4}{3}D$.

例2　设 $ax^2+bxy+cy^2$ 和 $Ax^2+Bxy+Cy^2$ 是两个正定二次型，且不成比例. 求证

$$(aB-bA)x^2+2(aC-cA)xy+(bC-cB)y^2$$

是不定的.

证明　因 $ax^2+bxy+cy^2$ 和 $Ax^2+Bxy+Cy^2$ 都是正定的，我们有

$$a>0,c>0,b^2-4ac<0$$
$$A>0,C>0,B^2-4AC<0$$

为证明二次型

$$(aB-bA)x^2+2(aC-cA)xy+(bC-cB)y^2$$

是不定的，我们必须证明它的判别式

$$D=4(aC-cA)^2-4(aB-bA)(bC-cB)$$

是正的. 首先证 $D\geqslant0$，这可由

$$a^2D=(2a(aC-cA)-b(aB-bA))^2-$$

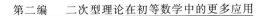

$$(b^2-4ac)(aB-bA)^2$$

看出.进而 $D>0$,除非

$$aB-bA=aC-cA=0$$

而在此情形有

$$\frac{a}{A}=\frac{b}{B}=\frac{c}{C}$$

这是不可能出现的,因为题设 $ax^2+bxy+cy^2$ 和 $Ax^2+Bxy+Cy^2$ 不成比例.

例 3 设 $f(x,y)=ax^2+2bxy+cy^2$ 是正定二次型.求证:对所有实数 x_1,x_2,y_1,y_2,不等式

$$(f(x_1,y_1)f(x_2,y_2))^{\frac{1}{2}}f(x_1-x_2,y_1-y_2)\geqslant (ac-b^2)(x_1y_2-x_2y_1)^2 \tag{61}$$

都成立.

证明 首先注意,由于 f 是正定的,有 $ac-b^2>0$.我们将使用下面的恒等式

$$(ax_1^2+2bx_1y_1+cy_1^2)(ax_2^2+2bx_2y_2+cy_2^2)=(ax_1x_2+bx_1y_2+bx_2y_1+cy_1y_2)^2+(ac-b^2)(x_1y_2-x_2y_1)^2 \tag{62}$$

记

$$E_1=f(x_1,y_1)\geqslant 0$$

$$E_2=f(x_2,y_2)\geqslant 0$$

$$F=|ax_1x_2+bx_1y_2+bx_2y_1+cy_1y_2|\geqslant 0$$

则(61)成为

$$E_1E_2=F^2+(ac-b^2)(x_1y_2-x_2y_1)^2 \tag{63}$$

我们也有

$$f(x_1-x_2,y_1-y_2)=E_1+E_2\pm 2F \tag{64}$$

因此,利用(63)和(64)可得

$$(f(x_1,y_1)f(x_2,y_2))^{\frac{1}{2}}f(x_1-x_2,y_1-y_2)\geqslant$$

$$(E_1E_2)^{\frac{1}{2}}(E_1+E_2-2F)\geqslant$$
$$(E_1E_2)^{\frac{1}{2}}(2(E_1E_2)^{\frac{1}{2}}-2F)=$$
$$2(E_1E_2)-2(E_1E_2)^{\frac{1}{2}}F=$$
$$2F^2+2(ac-b^2)(x_1y_2-x_2y_1)^2-$$
$$2F(F^2+(ac-b^2)(x_1y_2-x_2y_1)^2)^{\frac{1}{2}}=$$
$$2F^2+2(ac-b^2)(x_1y_2-x_2y_1)^2-$$
$$2F^2\left(1+\frac{(ac-b^2)(x_1y_2-x_2y_1)^2}{F^2}\right)^{\frac{1}{2}}\geqslant$$
$$2F^2+2(ac-b^2)(x_1y_2-x_2y_1)^2-$$
$$2F^2\left(1+\frac{(ac-b^2)(x_1y_2-x_2y_1)^2}{2F^2}\right)=$$
$$(ac-b^2)(x_1y_2-x_2y_1)^2$$

证毕.

§3　两道竞赛题的统一求解

例 4　设 a,b,c 是不全为零的实数,求

$$F=\frac{ab-bc+c^2}{a^2+2b^2+3c^2}$$

的取值范围,当 a,b,c 满足什么条件时,F 取最大值和最小值.

(2013 年全国高中数学联赛安徽省预赛第 11 题)

解　设 $F=\frac{ab-bc+c^2}{a^2+2b^2+3c^2}$ 的最小值为 m,最大值为 M,则

$$\frac{ab-bc+c^2}{a^2+2b^2+3c^2}-m\geqslant 0$$

化简得

$$-ma^2-2mb^2+(1-3m)c^2+ab-bc\geqslant 0$$

二次型的矩阵为

$$\boldsymbol{A}=\begin{pmatrix}-m & \frac{1}{2} & 0\\ \frac{1}{2} & -2m & -\frac{1}{2}\\ 0 & -\frac{1}{2} & 1-3m\end{pmatrix}$$

则矩阵 **A** 的一阶主子式

$$-m\geqslant 0,-2m\geqslant 0,1-3m\geqslant 0$$

二阶主子式

$$\begin{vmatrix}-m & \frac{1}{2}\\ \frac{1}{2} & -2m\end{vmatrix}\geqslant 0$$

$$\begin{vmatrix}-2m & -\frac{1}{2}\\ -\frac{1}{2} & 1-3m\end{vmatrix}\geqslant 0$$

$$\begin{vmatrix}-m & 0\\ 0 & 1-3m\end{vmatrix}\geqslant 0$$

三阶主子式

$$\begin{vmatrix}-m & \frac{1}{2} & 0\\ \frac{1}{2} & -2m & -\frac{1}{2}\\ 0 & -\frac{1}{2} & 1-3m\end{vmatrix}\geqslant 0$$

解得 $m\leqslant\frac{-1-\sqrt{13}}{12}$，故最小值 $m=\frac{-1-\sqrt{13}}{12}$，当

$$a=-\frac{\sqrt{13}-1}{2}b$$

$$b=\frac{\sqrt{13}-1}{2}c$$

时，等号成立. 又

$$\frac{ab-bc+c^2}{a^2+2b^2+3c^2}-M\leqslant 0$$

化简得

$$Ma^2+2Mb^2+(3M-1)c^2-ab+bc\geqslant 0$$

二次型的矩阵为

$$\boldsymbol{A}=\begin{pmatrix} M & -\frac{1}{2} & 0 \\ -\frac{1}{2} & 2M & \frac{1}{2} \\ 0 & \frac{1}{2} & 3M-1 \end{pmatrix}$$

则矩阵 $\boldsymbol{A}$ 的一阶主子式

$$M\geqslant 0,2M\geqslant 0,3M-1\geqslant 0$$

二阶主子式

$$\begin{vmatrix} M & -\frac{1}{2} \\ -\frac{1}{2} & 2M \end{vmatrix}\geqslant 0$$

$$\begin{vmatrix} 2M & \frac{1}{2} \\ \frac{1}{2} & 3M-1 \end{vmatrix}\geqslant 0$$

$$\begin{vmatrix} M & 0 \\ 0 & 3M-1 \end{vmatrix}\geqslant 0$$

三阶主子式

$$\begin{vmatrix} M & -\frac{1}{2} & 0 \\ -\frac{1}{2} & 2M & \frac{1}{2} \\ 0 & \frac{1}{2} & 3M-1 \end{vmatrix} \geqslant 0$$

解得 $M \geqslant \frac{1}{2}$，故最大值 $M=\frac{1}{2}$. 当 $a=b=-c\neq 0$ 时，等号成立.

例 5 对任意 $x, y, z \in \mathbf{R}$，证明

$$-\frac{3}{2}(x^2+y^2+2z^2) \leqslant 3xy+yz+zx \leqslant \frac{3+\sqrt{13}}{4}(x^2+y^2+2z^2)$$

（第二届陈省身杯全国高中数学奥林匹克第 6 题）

证明 设 $F=\frac{3xy+yz+zx}{x^2+y^2+2z^2}$ 的最小值为 m，最大值为 M，则

$$\frac{3xy+yz+zx}{x^2+y^2+2z^2}-m \geqslant 0$$

化简得

$$-mx^2-my^2-2mz^2+3xy+yz+zx \geqslant 0$$

二次型的矩阵为

$$\mathbf{A}=\begin{pmatrix} -m & \frac{3}{2} & \frac{1}{2} \\ \frac{3}{2} & -m & \frac{1}{2} \\ \frac{1}{2} & \frac{1}{2} & -2m \end{pmatrix}$$

则矩阵 $\mathbf{A}$ 的一阶主子式

$$-m \geqslant 0,\ -2m \geqslant 0$$

二阶主子式

$$\begin{vmatrix} -m & \frac{3}{2} \\ \frac{3}{2} & -m \end{vmatrix} \geqslant 0$$

$$\begin{vmatrix} -m & \frac{1}{2} \\ \frac{1}{2} & -2m \end{vmatrix} \geqslant 0$$

$$\begin{vmatrix} -m & \frac{1}{2} \\ \frac{1}{2} & -2m \end{vmatrix} \geqslant 0$$

三阶主子式

$$\begin{vmatrix} -m & \frac{3}{2} & \frac{1}{2} \\ \frac{3}{2} & -m & \frac{1}{2} \\ \frac{1}{2} & \frac{1}{2} & -2m \end{vmatrix} \geqslant 0$$

解得 $m \leqslant -\frac{3}{2}$，故最小值 $m = -\frac{3}{2}$. 又

$$\frac{3xy + yz + zx}{x^2 + y^2 + 2z^2} - M \leqslant 0$$

化简得

$$Mx^2 + My^2 + 2Mz^2 - 3xy - yz - zx \geqslant 0$$

二次型的矩阵为

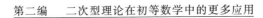

二次型的 Positive semidefinite

$$\mathbf{A}=\begin{pmatrix} M & -\frac{3}{2} & -\frac{1}{2} \\ -\frac{3}{2} & M & -\frac{1}{2} \\ -\frac{1}{2} & -\frac{1}{2} & 2M \end{pmatrix}$$

则矩阵 $\mathbf{A}$ 的一阶主子式

$$M\geqslant 0, 2M\geqslant 0$$

二阶主子式

$$\begin{vmatrix} M & -\frac{3}{2} \\ -\frac{3}{2} & M \end{vmatrix}\geqslant 0$$

$$\begin{vmatrix} M & -\frac{1}{2} \\ -\frac{1}{2} & 2M \end{vmatrix}\geqslant 0$$

$$\begin{vmatrix} M & -\frac{1}{2} \\ -\frac{1}{2} & 2M \end{vmatrix}\geqslant 0$$

三阶主子式

$$\begin{vmatrix} M & -\frac{3}{2} & -\frac{1}{2} \\ -\frac{3}{2} & M & -\frac{1}{2} \\ -\frac{1}{2} & -\frac{1}{2} & 2M \end{vmatrix}\geqslant 0$$

解得 $M\geqslant \frac{3+\sqrt{13}}{4}$,故最大值 $M=\frac{3+\sqrt{13}}{4}$.

第8章　甘志国老师对几道压轴题的初等解法

问题1　设 a,b,c 是不全为零的实数,求

$$F=\frac{ab-bc+c^2}{a^2+2b^2+3c^2}$$

的取值范围及最值点.

解　显然当 $a\neq 0,b=c=0$ 时,$F=0$.以下考虑 $F\neq 0$(故 a,c 不全为零)时的情形.

去分母并整理,得到一个关于 b 有解的一元二次方程

$$2F\cdot b^2-(a-c)\cdot b+(Fa^2+3Fc^2-c^2)=0 \qquad (1)$$

$$(a-c)^2-4\cdot 2F\cdot(Fa^2+3Fc^2-c^2)\geqslant 0$$

$$(8F^2-1)\cdot a^2+2ac+(24F^2-8F-1)c^2\leqslant 0$$

所以关于 a,c 的不等式

$$(8F^2-1)\cdot a^2+2ac+ \\ (24F^2-8F-1)c^2\leqslant 0 \qquad (2)$$

有 a,c 不全为零的解.

以下按 $8F^2-1\leqslant 0$ 和 $8F^2-1>0$ 两种情况来讨论.

① 当 $8F^2-1\leqslant 0$ 时,不等式(2) 显然有 a,c 不全为零的解.故方程(1) 有 a,b,c 不全为零的实数解,即 $-\frac{\sqrt{2}}{4}\leqslant F\leqslant\frac{\sqrt{2}}{4}$ 且 $F\neq 0$.

② 当 $8F^2-1>0$ 时,不等式(2) 有 a,c 不全为零的解

$$2^2-4\cdot(8F^2-1)\cdot(24F^2-8F-1)\geqslant 0$$

$$-32F(2F-1)(12F^2+2F-1)\geqslant 0$$

因为

$$8F^2-1>0$$

所以

$$-\frac{1+\sqrt{13}}{12}\leqslant F<-\frac{\sqrt{2}}{4}$$

或

$$\frac{\sqrt{2}}{4}<F\leqslant\frac{1}{2}$$

综上所述,F 的取值范围为

$$-\frac{1+\sqrt{13}}{12}\leqslant F\leqslant\frac{1}{2}$$

当 $a:b:c=1:2F:(1-8F^2)$ 时,左侧等号成立($F=-\frac{1+\sqrt{13}}{12}$);当 $a:b:c=1:1:-1$ 时,右侧等号成立.

问题 2 设 a,b,c 为实数,证明

$$-\frac{3}{2}(a^2+b^2+2c^2)\leqslant 3ab+bc+ca\leqslant$$

$$\frac{3+\sqrt{13}}{4}(a^2+b^2+2c^2) \qquad (3)$$

证明　当 a,b,c 全为零时，不等式(3)显然成立．不妨设 a,b,c 不全为零．

特别地，当 $a=b=0,c\neq 0$ 时

$$3ab+bc+ca=0\cdot(a^2+b^2+2c^2)$$

成立．以下考虑当 $k\neq 0$ 时的情形．设

$$3ab+bc+ca=k(a^2+b^2+2c^2)\quad (k\neq 0) \qquad (4)$$

则方程(4)的 a,b,c 中至多有一个为零的实数解．

所以关于 a 的一元二次方程

$$k\cdot a^2-(3b+c)\cdot a+(k\cdot b^2-bc+2k\cdot c^2)=0$$

有实数解

$$(3b+c)^2-4\cdot k\cdot(k\cdot b^2-bc+2k\cdot c^2)\geqslant 0$$

$$(4k^2-9)\cdot b^2-(4k+6)\cdot bc+(8k^2-1)\cdot c^2\leqslant 0 \qquad (5)$$

以下按 $4k^2-9\leqslant 0$ 和 $4k^2-9>0$ 两种情况来讨论．

① 当 $4k^2-9\leqslant 0$ 时，不等式(5)显然有不全为零的实数解，故当 $-\frac{3}{2}\leqslant k\leqslant\frac{3}{2}$ 且 $k\neq 0$ 时，方程(4)也有不全为零的实数解．

② 当 $4k^2-9>0$ 时，不等式(5)有不全为零的实数解．所以

$$(4k+6)^2-4\cdot(4k^2-9)\cdot(8k^2-1)\geqslant 0$$

$$-16k(2k+3)(4k^2-6k-1)\geqslant 0$$

因为

$$4k^2-9>0$$

所以

$$\frac{3}{2}<k\leqslant\frac{3+\sqrt{13}}{4}$$

综上所述

$$-\frac{3}{2}\leqslant k\leqslant\frac{3+\sqrt{13}}{4}$$

当 $a:b:c=1:-1:0$ 时,左侧等号成立;当 $a:b:c=1:1:(2k-3)$ 时,其中 $k=\frac{3+\sqrt{13}}{4}$,右侧等号成立.所以

$$-\frac{3}{2}(a^2+b^2+2c^2)\leqslant 3ab+bc+ca\leqslant \frac{3+\sqrt{13}}{4}(a^2+b^2+2c^2)$$

问题 3 设实数 a,b,c 满足 $ab+bc+ca=1$,求

$$40a^2+20b^2+10c^2$$

能取到的最小整数值.

解 设 $k=40a^2+20b^2+10c^2$. 因为 $ab+bc+ca=1$,所以 $k>0$,a,b,c 中至少有两个数不为零,代入得

$$40a^2+20b^2+10c^2=k(ab+bc+ca) \tag{6}$$

整理得关于 a 有解的一元二次方程

$$40a^2-k(b+c)\cdot a+(20b^2-kbc+10c^2)=0$$

$$[k(b+c)]^2-4\cdot 40\cdot(20b^2-kbc+10c^2)\geqslant 0$$

$$(k^2-1\ 600)\cdot c^2+(2k^2+160k)\cdot bc+(k^2-3\ 200)\cdot b^2\geqslant 0 \tag{7}$$

所以关于 c,b 的不等式(7)有不全为零的实数解.

以下按 $k^2-1\ 600\geqslant 0$ 和 $k^2-1\ 600<0$ 两种情况来讨论.

① 当 $k^2-1\ 600\geqslant 0$ 时，由 $k>0$ 得 $k\geqslant 40$，此时不等式(7) 必有不全为零的实数解，则方程(6) 有实数解.

② 当 $k^2-1\ 600<0$ 时，由 $k>0$ 得 $0<k<40$. 不等式(7) 有不全为零的实数解

$$(2k^2+160k)^2-4\cdot(k^2-1\ 600)\cdot(k^2-3\ 200)\geqslant 0$$

$$640(k^3+70k^2-32\ 000)\geqslant 0$$

因为当 $k>0$ 时，$k^3+70k^2-32\ 000$ 的值随 k 增大而增大. 当 $k=18$ 时，$k^3+70k^2-32\ 000=-3\ 488<0$；当 $k=19$ 时，$k^3+70k^2-32\ 000=129>0$.

所以 $640(k^3+70k^2-32\ 000)\geqslant 0$ 的最小正整数解为 $k=19$.

把 $k=19$ 代入

$$(k^2-1\ 600)\cdot c^2+(2k^2+160k)\cdot bc+$$
$$(k^2-3\ 200)\cdot b^2=0$$

可求出 $\frac{c}{b}$ 的值，再代入方程(6) 处求出 $a:b:c$ 的值，再代入 $ab+bc+ca=1$ 可求出 a,b,c 的值. 所以 $40a^2+20b^2+10c^2$ 能取到的最小整数值为 19.

问题 4　设实数 a,b 满足

$$6a^2+6ab+4b^2=1$$

求 a^2-b^2 的最大值.

解　设 a^2-b^2 的最大值为 k. 当 $b=0$ 时，$a^2-b^2=\frac{1}{6}$，则 $k\geqslant\frac{1}{6}$，代入得 $a^2-b^2=k\cdot(6a^2+6ab+4b^2)$，整理得

$$(4k+1)\cdot b^2+6k\cdot ab+(6k-1)\cdot a^2=0\quad(8)$$

所以关于 b,a 的方程(8) 有不全为零的实数解

$$(6k)^2-4\cdot(4k+1)\cdot(6k-1)\geqslant 0$$

$$-(3k+1)(5k-1)\geqslant 0$$

因为

$$k\geqslant\frac{1}{6}$$

所以

$$\frac{1}{6}\leqslant k\leqslant\frac{1}{5}$$

特别地，当 $a=-3b=\pm\frac{3}{20}\sqrt{10}$ 时，a^2-b^2 的值为$\frac{1}{5}$.

所以 a^2-b^2 的最大值为$\frac{1}{5}$.